低维氮化镓纳米材料
掺杂改性及磁性机理

陈国祥　王豆豆 ◎著

中国石化出版社

内容提要

本书系统研究了低维氮化镓纳米材料的稳定性、电子、磁性等性质。全书共分为8章内容：第1章为概述；第2章详细介绍了第一性原理方法；第3章~第7章采用基于密度泛函框架下的第一性原理，系统研究了填充GaN纳米管、缺陷和掺杂GaN纳米带、吸附及掺杂GaN单层纳米片、二维GaN/SiC纳米片的稳定性、电子、磁学特性和磁性起源机理；第8章为本书的结束语。

本书可作为高等院校材料学和物理学及其他相关专业本科生和研究生的参考书，也可供从事纳米科技和纳米材料教学与研究的工作者参考使用。

图书在版编目(CIP)数据

低维氮化镓纳米材料掺杂改性及磁性机理／陈国祥，王豆豆著.
—北京：中国石化出版社，2017.8
ISBN 978-7-5114-4638-1

Ⅰ.①低… Ⅱ.①陈…②王… Ⅲ.①氮化镓–纳米材料–研究
Ⅳ.①TN304.2

中国版本图书馆CIP数据核字(2017)第219536号

中国石化出版社出版发行

地址:北京市朝阳区吉市口路9号
邮编:100020   电话:(010)59964500
发行部电话:(010)59964526
http://www.sinopec-press.com
E-mail:press@sinopec.com
北京柏力行彩印有限公司印刷
全国各地新华书店经销

*

787×1092毫米16开本7印张210千字
2017年9月第1版　2017年9月第1次印刷
定价:35.00元

前　　言

　　低维纳米材料是指由尺寸小于100nm(0.1~100nm)的超细颗粒构成的具有小尺寸效应的零维、一维、二维材料的总称，包括团簇、量子点、纳米线、纳米棒、纳米管、纳米带和超薄膜等。低维纳米材料在光学、电子学、环境和医学等领域有着广泛的应用前景，为器件的微型化、纳米化提供了材料基础，已成为当前材料领域研究的热点。GaN作为一种非常重要的直接宽带隙半导体材料，被誉为是第三代半导体材料。GaN具有高的发光效率、热传导性和优良的化学稳定性，在蓝、绿发光二极管，蓝光激光器，紫外探测器，高温、高功率及恶劣环境下工作的半导体器件等方面有着广泛的应用前景。低维纳米材料比相应的大尺寸材料显示出更优越的性能，因此低维GaN纳米材料在功能器件中的应用将对电子、信息等领域产生积极的影响。对低维GaN纳米结构的性质进行理论研究，不仅可以深入认识到其新颖的物理、化学等特性，还可以为将来制备纳米功能器件提供可靠理论依据和技术指导。

　　笔者一直从事低维半导体纳米材料结构稳定性、电子结构和物性的研究。渴望将近年来的研究结果结集发表，以便和有关专业的老师、同学以及科技工作者交流讨论。全书共分8章：第1章为概述，介绍了纳米材料的概念、分类、特性、发展趋势以及研究现状，并介绍了几种典型的纳米材料制备和特性；第2章介绍基于密度泛函理论的第一性原理方法；第3章建立磁性纳米线填充GaN纳米管的理论模型，并对填充体系的结构、电子和磁学性质进行研究；第4章研究GaN纳米带的结构和电子性质，然后对缺陷GaN纳米带的结构、电子和磁学等性质进行讨论，最后研究碳掺杂GaN纳米带的电子和磁学性质；第5章采用第一性原理方法研究过渡金属吸附二维GaN单层纳米片的电子结构和磁性；第6章建立过渡金属掺杂二维GaN单层纳米片的理论模型并对掺杂后的电子结构和磁学特性进行研究；第7章研究二维 GaN/SiC 纳米片界面电子和磁学特性以及电场响应；第8章为本书的结束语。

　　本书由陈国祥和王豆豆共同撰写，其中第3章~第8章由陈国祥撰写，第1章、第2章由王豆豆撰写。全书由陈国祥进行统稿和审定。在撰写过程中，陕西师范大学张建民教授和美国佛罗里达大学 Hai-Ping Cheng 教授提出了许多有益的建议。此外，本书的出版得到了"西安石油大学优秀学术著作出版基金""国家自然科学基金(项目号：11304246)"和"陕西省青年科技新星计划项目(项目号：2014KJXX-70)"联合资助，作者在此一并表示最衷心的感谢。

　　由于作者水平有限，加之纳米材料是一门新的学科，且涉及知识面广，疏漏和错误之处在所难免，敬请读者批评指正。

目　　录

第1章 概　述

在人们所认识的微观世界中，有一个十分引人注目的体系，即纳米体系。纳米(nanometer)的"nano"在希腊语中为"矮小"的意思。纳米是一个长度单位，符号 nm，1 纳米是一米的十亿分之一(1nm＝10^{-9}m)，1 纳米约是氢原子半径的 27 倍，相当于人发直径的十万分之一。早在 1959 年，著名的理论物理学家、诺贝尔奖获得者费曼(Richard Feynman)预言："毫无疑问，当我们得以对细微尺度的事物加以操纵的话，将大大扩充我们可能获得的物性范围。"他所说的材料就是纳米材料，被誉为 21 世纪最有前途的材料。

纳米材料是指在结构上具有纳米尺度(10^{-10}～10^{-7}m)调制特征的材料。当一种材料的结构进入纳米尺度特征范围时，其某个或某些性能会发生显著的变化。纳米尺度和性能的特异变化是纳米材料必须同时具备的两个基本特征。纳米尺度大于原子和分子，而小于通常的块体材料，是处于微观体系与宏观体系之间的中间领域，属于介观范畴。

纳米材料与纳米技术密切相关，纳米材料是纳米技术的基础，纳米材料的研究和研制中又包含了很多纳米技术。纳米技术的基本概念是 1959 年提出的，英国的 Aobert Franks 教授定义纳米技术(Nanotechnology)为"在 0.1～100nm 尺度范围的物质世界，其实质就是要操纵原子和分子，目的是直接用原子或分子制造具有特定功能的产品。"1989 年，美国 IBM 公司的科学家首先用 35 个氙原子拼装成了"IBM"三个字母构成的商标，随后用 48 个铁原子排列组成了汉字中的"原子"两字，这一成果引起了广泛关注。纳米技术的前景是诱人的，其发展速度也令人吃惊，有关方面的研究性论文急剧增长，随之得到了各国政府与研究机构的重视和极大的支持。1990 年 7 月，在美国巴尔的摩召开了第一届国际纳米科学技术(Nano Science & Technology, NST)会议，并创办了《Nanotechnology》刊物，标志着纳米技术的正式诞生，其诞生标志着材料科学已进入了一个新的层次，人们的认识又延伸到过去不被人注意的纳米尺度。纳米科学与技术是指在纳米尺度上研究物质(包括原子和分子)的特性和相互作用，以及利用这些特性的多学科科学和技术。它包括纳米生物学、纳米电子学、纳米物理学、纳米化学、纳米力学、纳米材料学、纳米机械加工学和纳米测量学等新兴学科。其中，纳米材料是纳米科学技术领域最富有活力、研究内涵最丰富的一个学科分支。

纳米材料的研究大致可以分为三个阶段。第一阶段(1990 年以前)，人们主要是在实验室探索用各种手段合成纳米颗粒粉末或块体等单一材料和单相材料，研究评价表征纳米材料的方法，探索纳米材料不同于常规材料的特殊性能；第二阶段(1990～1994年)，人们关注的热点是如何利用纳米材料已被挖掘出来的奇特物理、化学等性能，设计纳米复合材料，通常采用纳米微粒与纳米微粒复合，纳米微粒与常规块体复合以及发展复合纳米薄膜；第三阶段(1994 年到现在)，纳米组装体系、人工组装合成的纳米阵列体系、介孔组装体系、薄膜嵌镶体系等纳米结构材料体系越来越受到人们的关注，正成为纳米材料研究的新热点。

1.1 纳米材料的分类及基本效应

1.1.1 纳米材料的分类

纳米材料大致可分为纳米微粒、纳米纤维、纳米薄膜、纳米块体四类。其中，纳米微粒开发时间最长、技术最为成熟，是生产其他三类产品的基础。

1) 纳米微粒

纳米微粒又称为超微粉或超细粉，是纳米体系的典型代表，一般指粒度在 100nm 以下的粉末或颗粒，是一种介于原子、分子与宏观物体之间，处于中间物态的固体颗粒材料。一般为球形或类球形(与制备方法密切相关)，它属于超微粒子范围(1~1000nm)。由于尺寸小、比表面大和量子尺寸效应等原因，它具有不同于常规固体的新特性，也有异于传统材料科学中的尺寸效应。比如，当尺寸减小到几纳米至几十纳米时，原来是良导体的金属会变成绝缘体，原来为典型共价键无极性的绝缘体其电阻会大大下降甚至成为导体，原为 P 型的半导体可能变为 N 型。常规固体在一定条件下，其物理性能是稳定的，而在纳米状态下其性能就受到了颗粒尺寸的强烈影响，出现幻数效应。从技术应用的角度讲，纳米颗粒的表面效应等使它在催化、粉末冶金、燃料、磁记录、涂料、传热、雷达波隐形、光吸收、光电转换、气敏传感等方面有巨大的应用前景。

2) 纳米纤维

纳米纤维是指直径为纳米尺度而长度较长的线状材料，如纳米线、纳米棒、纳米管、纳米带、纳米环等。可应用于微导线、微光纤(未来量子计算机与光子计算机的重要元件)材料，新型激光或发光二极管材料等。

3) 纳米薄膜

纳米薄膜是由纳米晶粒组成的二维系统，它具有约占 50% 的界面组元，因而显示出与晶态、非晶态物质均不同的崭新性质。纳米薄膜分为颗粒膜与致密膜：颗粒膜是纳米颗粒粘在一起，中间有极为细小间隙的薄膜；致密膜指膜层致密，但晶粒尺寸为纳米级的薄膜。据估计，纳米薄膜将在气体催化(如汽车尾气处理)材料、过滤器材料、高密度磁记录材料、光敏材料、平面显示器材料、超导材料及其他薄膜微电子器件中发挥重要作用。

4) 纳米块体

纳米块体是将纳米粉末高压成型或控制金属液体结晶而得到的纳米晶粒材料。它由大量纳米微粒在保持表(界)面清洁条件下组成的三维系统，其界面原子所占比例很高。因此，与传统材料科学不同，表面和界面不再只被看作一种缺陷，而成为一重要的组元，从而具有高热膨胀性、高比热、高扩散性、高电导性、高强度、高溶解度及界面合金化、低熔点、高韧性和低饱和磁化率等许多异常特性，可以在表面催化、磁记录、传感器以及工程技术上有广泛的应用。

还可从维度的角度对纳米材料进行分类，可以分为四类：①零维。指材料在空间的三维尺度均为纳米尺度，零维纳米材料通常又称为量子点，因其尺寸在三个维度上与电子的德布罗意波长或电子的平均自由程相当或更小，因而电子或载流子在三个方向上都受到约束，不能自由运动，即电子在三个维度上的能量都已量子化。如纳米尺度颗粒、原子团簇等。②一维。指材料在空间有两维处于纳米尺度，一维纳米材料称为量子线，电子在两个维度或方向上的运动受约束，仅能在一个方向上自由运动。如纳米线、纳米棒、纳米管、纳米带、纳米环等，或统称为纳米纤维。③二维。指材料在三维空间中有一维在纳米尺度，二维纳米材料称为量子面，电子在一个方向上的运动受约束，能在其余两个方向上自由运动。如纳米膜、纳米盘、超晶格等。④三维。指在三维空间中含有上述纳米材料的块体，如纳米陶瓷和复合体等。零维、一维和二维纳米材料又称为低维材料。

1.1.2 纳米材料的基本效应

当材料的结构进入纳米尺度调制范围时，会表现出小尺寸效应、表面与界面效应、量子尺寸效应、宏观量子隧道效应、介电限域效应等纳米效应。

1）小尺寸效应（体积效应）

当物质的体积减小时，将会出现两种情形：①物质本身的性质不发生变化，而只有那些与体积密切相关的性质发生变化，如半导体电子自由程变小，磁体的磁区变小等；②物质本身的性质也发生了变化，当纳米材料的尺寸与传导电子的德布罗意波长相当或更小时，周期性的边界条件将被破坏，材料的磁性、内压、光吸收、热阻、化学活性、催化活性及熔点等与普通晶粒相比都有很大的变化，这就是纳米材料的体积效应，亦即小尺寸效应。这种特异效应为纳米材料的应用开拓了广阔的新领域，例如，随着纳米材料粒径的变小，其熔点不断降低，烧结温度也显著下降，从而为粉末冶金工业提供了新工艺。利用等离子共振频移随晶粒尺寸变化的性质，可通过改变晶粒尺寸来控制吸收边的位移，从而制造出具有一定频宽的微波吸收纳米材料，用于电磁波屏蔽、隐形飞机等。

材料的硬度和强度随着晶粒尺寸的减小而增大，不少纳米陶瓷材料的硬度和强度比普通材料高 4～5 倍，如纳米 TiO_2 的显微硬度为 12.75kPa，而普通 TiO_2 陶瓷的显微硬度低于 1.96kPa。在陶瓷基体中引入纳米分散相并进行复合，不仅可大幅度提高其断裂强度和断裂韧性，明显改善其耐高温性能，而且也能提高材料的硬度、弹性模量和抗热震、抗高温蠕变等性能。

2）表面与界面效应

表面效应也称为界面效应，是指纳米微粒的表面原子与总原子之比随着纳米微粒尺寸的减小而大幅度增加，粒子表面结合能随之增加，从而引起纳米微粒性质变化的现象。例如，对于球体来说，其表面积与直径的平方成正比，体积与直径的立方成正比，故球体的比表面积与直径成反比，即球体的比表面积随直径变小，比表面积会显著增大。假设纳米微粒为球形，其原子间距为 0.3nm，表面原子仅占一层，则表面原子所占的百分数见表 1-1。

表 1-1　粒子的大小与表面原子数的关系

直径/nm	原子总数	表面原子总数	表面原子百分数/%
1	30	100	333.3
5	4000	40	1.000
10	30000	20	0.067
100	300000	2	0

表 1-1 中数据说明：纳米微粒的粒径越小，表面原子的数目就越多。纳米微粒表面的

原子与块体表面的原子不同，其处于非对称的力场，在纳米微粒表面作用着特殊的力，处于高能状态，为了保持平衡，纳米微粒表面总是处于施加弹性应力的状态，具有比常规固体表面过剩许多的能量，以热力学术语来说，它具有较高的表面能和表面结合能。表面原子处于裸露状态，周围缺少相邻的原子，有许多剩余键力，易与其他原子结合而稳定，具有较高的化学活性。表面原子的活性也会引起表面电子自旋构象电子能谱的变化，从而使纳米粒子具有低密度、低流动速率、高吸气体、高混合性等特点。例如，金属纳米粒子暴露在空气中会燃烧，无机纳米粒子暴露在空气中会吸附气体，并与气体进行反应。

3）量子尺寸效应

所谓量子尺寸效应是指当粒子尺寸下降到或小于某一值（激子玻尔半径），费米能级附近的电子能级由连续变为分立能级的现象。纳米微粒存在不连续地被占据的高能级分子轨道，同时也存在未被占据的最低的分子轨道，并且高低轨级间的间距随纳米微粒的粒径变小而增大。针对这种现象，日本科学家久保（Kubo）给出了能级间距 δ 与组成原子数 N 间的关系式：$\delta = E_F/(3N)$，E_F 为费米能级。宏观物体包含无限多个原子，即所含电子数 $N \to \infty$，于是 $\delta \to 0$，说明宏观物体的能级间距几乎为零，其电子能谱是连续能带；当粒子尺寸减小，N 较小，δ 有一定值时，即电子能级间有了一定间距，能级间距发生分裂，由宏观物体的连续电子能谱裂变成不连续能谱。当 δ 值较小时，纳米微粒可能是半导体；当 δ 值较大时，纳米微粒可能是绝缘体。

当热能、电场能或者磁场能比平均的能级间距还小时，就会呈现一系列与宏观物体截然不同的反常特性。量子尺寸效应带来的能级改变、能级变宽，使微粒的发射能量增加，光学吸收向短波方向移动，直观上表现为样品颜色的改变。如 CdS 微粒由黄色逐渐变为浅黄色，金的微粒失去金属光泽而变为黑色等。同时，纳米微粒也由于能级改变而产生大的光学三阶非线性响应，还原及氧化能力增强，从而具有更优异的光电催化活性。

4）宏观量子隧道效应

微观粒子具有贯穿势垒的能力称为隧道效应。近年来，人们发现一些宏观量，例如：微粒的磁化强度、量子相干器件中的磁通量以及电荷等也具有隧道效应，它们可以穿越宏观系统中的势垒并产生变化，称为宏观量子隧道效应。利用这个概念可以定性解释超细镍粉在低温下继续保持超顺磁性。Awachalsom 等人采用扫描隧道显微镜技术控制磁性粒子的沉淀，并研究低温条件下微粒磁化率对频率的依赖性，证实了低温下确实存在磁的宏观量子隧道效应。

宏观量子隧道效应的研究对基础研究和实际应用都有重要的意义，它限定了磁带、磁盘进行信息存储的时间极限。宏观量子隧道效应与量子尺寸效应，是未来微电子器件的基础，或者说确立了现有微电子器件进一步微型化的极限。当微电子器件进一步细微化时，必须要考虑上述的量子效应。如在制造半导体集成电路时，当电路的尺寸接近电子波长时，电子就通过隧道效应而溢出器件，使器件无法正常工作。经典电路的极限尺寸大概在 $0.25\mu m$。目前，研制的量子共振隧穿晶体管就是利用量子效应制成的新一代器件。

5）介电限域效应

随着纳米晶粒粒径的不断减小和比表面积不断增加，其表面状态的改变将会引起微粒性质的显著变化。例如，当在半导体纳米材料表面修饰一层某种介电常数较小的介质时，相对于裸露于半导体纳米材料周围的其他介质而言，被包覆的纳米材料中电荷载体的电场线更易穿过这层包覆膜，从而导致它与裸露纳米材料的光学性质相比发生了较大的变化，这就是介电限域效应。当纳米材料与介质的介电常数值相差较大时，将产生明显的介电限域效应。纳米材料与介质的介电常数相差越大，介电限域效应就越明显，在光学性质上就表现出明显的红移现象。介电限域效应越明显，吸收光谱红移也就越大。

除上述的纳米材料的各种效应外，纳米结构单元之间的交互作用也至关重要。由于量子尺寸效应，纳米半导体微粒的吸收光谱普遍存在着蓝移现象，这已被许多实验所证实。但是人们还发现另一个重要的现象，即随着纳米半导体微粒的浓度增加，上述量子尺寸效应逐渐减小，颗粒之间通过宏观隧道效应而发生的相互作用逐渐增强，最终导致量子尺寸效应的消失。纳米多层膜材料的许多特异性能也得益于相邻膜层之间的交互作用。

1.2　纳米材料的制备方法

众所周知，纳米材料的形态和状态取决于纳米材料的制备方法，新材料制备工艺的研究和控制对纳米材料的微观结构和性能具有重要的影响。所以，国内外研究人员一直致力于研究纳米材料的合成与制备方法，纳米材料的制备技术一直是纳米科学领域的一个重要研究课题。纳米材料的制备方法可分为：化学法、物理法和综合法。

1）化学法

化学法是采用化学合成的方法。合成制备出纳米材料，例如，沉淀法、水热法、相转移法、界面合成法、溶胶—凝胶法等，由于纳米材料的合成都在溶液中进行，所以这类方法也叫做化学液相法。此外，还有化学气相法，例如，激光化学气相反应法、化学气相沉积法等。化学法的优点是所合成的纳米材料均匀且可大量生产、设备投入小，缺点就是会混有杂质，导致产品不纯。

2）物理法

物理法是最早采用的纳米材料制备方法。例如，球磨法、电弧法、惰性气体蒸发法等，这类方法是采用高能消耗的方式使得材料颗粒细化到纳米量级。物理法制备纳米材料的优点是产品纯度高，缺点是产量低、设备成本高。

3）综合法

综合法是在纳米材料的制备过程中，把物理方法引入化学法中。将物理法与化学法的优点结合起来，提高化学法的效率或是解决化学法达不到的效果。例如，超声沉淀法、激光沉淀法、微波合成法等。

纳米材料有很多种类，但所有纳米材料的制备方法都离不开上述三类。常见不同类别的无机纳米材料制备方法列于表 1-2 中。

表 1-2　无机纳米材料制备方法分类

纳米材料类别	化学法	物理法	综合法
纳米粉体	沉淀法（共沉淀、均相沉淀）、化学气相沉淀法、水热法、相转移法、溶胶—凝胶法	惰性气体沉积法、蒸发法、球磨法、爆炸法、喷雾法	辐射化学合成法（微波法）

纳米材料类别	化学法	物理法	综合法
纳米薄膜材料	水解法、胶体化学法、溶胶—凝胶法、电沉积法、还原法、化学气相沉积法	等离子蒸发法、激光溅射法、溶剂挥发法	超声沉积法激光化学法
纳米晶体和纳米块体	非晶晶化法	惰性气体蒸发法、高速粒子沉积法、激光溅射法、球磨法、原位加压法	

1.3　纳米材料的应用

目前，利用纳米材料特殊的磁学、光学、电学、力学、热学以及生物学等特性，已设计和构筑了各种性能优异和功能奇特的新型材料和元器件，许多纳米产品也已在电子信息、生物医药、国防和航天等领域得到实际应用，并已衍生出新兴的高科技产业群。与此同时，纳米材料日益广泛的应用也将对传统产业，如能源、环境、化工、建材、纺织等工业产生重大影响，带动这些传统产业跳跃式发展，加速完成传统产业的改造和升级换代。

1）电子信息领域的应用

当电子器件进入纳米尺寸时，量子效应十分明显，因此，纳米材料应用在电子器件上，会出现普通材料所不能达到的效果。1993 年，《Nature》杂志的副主编曾预言"以单电子隧道效应为基础设计的单电子晶体管可能诞生在下一个世纪的初叶"。他的预言在发表后 2 年，日本率先在实验室研制成功纳米结构的三极管，随后，美国普度大学也在实验室研制成功纳米结构的晶体管。1995 年，超低功耗和高集成的纳米结构单电子三极管在美国研制成功，使人类进一步认识到纳米结构的研究对下一代量子器件的诞生起着至关重要的作用。随着纳米材料科学技术的发展，在信息领域，20 世纪最广泛的微电子将要转换为 21 世纪的纳电子，因此在这方面的研究，将是最热门的课题之一。

21 世纪的社会是信息社会，要求记录材料高性能化和高密度化，而纳米微粒能为这种高密度记录提供有利条件。磁性纳米微粒由于尺寸小，具有单磁畴结构、矫顽力很高的特性，用它制作磁记录材料可以提高信噪比，改善图象质量，如日本松下电器公司已制成纳米级微粉录象带，其图象清晰、信噪比高、失真十分小；还可制成磁性信用卡、磁性钥匙、磁性车票等。将磁性纳米微粉通过界面活性剂均匀分散于溶液中制成的磁流体，在宇航、磁制冷、显示及医药中已广泛应用。

2）生物医药领域的应用

由于纳米粒子一般比生物体内的细胞——红血球小得多，10nm 以下的颗粒可在血管中自由移动，因此可以用来检查身体各部位的病变和治疗，如表面包敷的磁性粒子（Fe_3O_4）可作为治疗药物的载体，进入人体后在外加磁场的导航下到达指定的病变部位，达到定向治疗的目的。纳米 Fe 粒子作为显影剂可发现微小癌变，有利于癌症的早期诊断和治疗。磁性超微粒子还可用于癌细胞分离技术，如英国伦敦的儿科医院已利用磁性超微粒子分离癌细胞，成功地进行了人体骨髓液癌变细胞的分离。一些具有生物活性的纳米材料，还可用于人造骨、牙和人体器官等。

　3）能源与环境领域的应用

　　能源，环境领域的需求推动了纳米材料应用技术的发展。纳米能源技术的开发，将在不同程度上缓解世界能源的短缺状况，提高现有能源的使用效率，为整个世界的发展提供新的动力。纳米材料在化学和能源转化工艺方面具有高选择性和高效性，已在低成本固态太阳能电池、高性能充电电池（含超级电容器）、温差电池和燃料电池等所用的纳米材料与技术研发方面取得实质性进展。这不仅对能源生产非常重要，而且对能源转换极具经济价值。其中，纳米太阳能电池材料、高效储能材料、热电转换材料等是新型能源材料的重要组成部分和主要发展方向，将在解决 21 世纪日益突出的能源危机问题上发挥重要作用，形成一个新的经济增长点，具有巨大的市场容量。

　　纳米环境技术将提供绿色化的环保技术和产品，大幅度降低污染，提高人类生存的环境质量，实现材料、水和空气的良性循环。因为纳米环保材料是利用纳米材料所不同于常规材料的各种效应和性能，因此可以有效处理印染废水、电镀废水等工业废水污染和汽车尾气、工业废气、家庭装修等造成的大气污染，以及难降解废弃物等造成的土壤污染，对于环境问题的解决将起到重要的作用，对环境保护极具经济价值。

1.4　纳米材料的发展趋势

　　当材料的结构具有纳米尺度调制特征时，纳米材料将展现异常的力学、热学、电学、磁学、光学、生物学、化学和催化等特性，这些特性为新材料的发展开辟了一个崭新的研究和应用领域。纳米材料向国民经济和高技术各个领域的渗透以及对人类社会进步的影响是难以估计的。然而，纳米材料毕竟是一种新兴的材料，要使纳米材料得到广泛应用，还必须进行深入理论研究和攻克相应的技术难关。这就要求人们采用新的和改进的方法来控制纳米材料的组成单元及其尺寸，以新的和改善的纳米尺度评价材料的方法，以及新的角度更深入地理解纳米结构与性能之间的关系。纳米材料的发展趋势至少包括以下三个方面：

　　（1）职探索和发现纳米材料的新现象、新性质。这是纳米材料研究的长期任务和方向，也是纳米材料研究领域的生命力所在。

　　（2）根据需要设计纳米材料，研究新的合成和制备方法以及可行的工业化生产技术根据指定的性能设计所需的材料。这不仅是纳米材料的发展趋势，也是所有材料设计的目标。纳米材料的性能取决于其组成单元的尺寸，是由尺寸决定的性能，具有尺寸效应。因此，纳米材料的许多性能都具有临界尺寸。当组成单元的尺寸小于或相当于这一临界尺寸时，决定材料性能的物理基础发生变化，从而引起材料性能的改变或突变。因此，根据指定的性能设计纳米材料的关键之一是确定对应于该性能的临界尺寸。纳米材料的合成与制备是保证材料高性能的基础。因此，纳米材料的发展与进步在很大程度上取决于合成与制备方法的发展与进步，其中工业化的生产方法和技术的发展及进步尤为重要。可以认为，纳米材料、结构和器件只有实现了工业化生产，才能真正造福于人类。

　　（3）深入研究有关纳米材料的基本理论。目前，人们还不能很好地理解许多在纳米材料中出现的新现象。例如，人们不能很好地理解或解释纳米材料的宏观变形与断裂机制。因此，需要大量的理论工作，以指导关键性的实验和优化材料的性能，此外还需要计算机模拟。随着计算机科学的进步，人们能通过计算机模拟，利用分子动力学模拟指导进行纳米结构的合成与研究。可以认为，只有在有关纳米材料的基本理论取得长足的进步后，纳米材料的研究和开发才能迈上新的台阶和实现新的突破。

1.5 碳纳米管

碳是自然界性质独特的元素之一，它可以通过 sp^3 杂化或 sp^2 杂化，分别形成近乎各向同性的金刚石结构或各向异性的六角网格石墨层状结构，层内碳原子通过共价键相互连接，而层间则通过弱的范德瓦尔斯键相互作用。当石墨微晶的尺寸很小（介观层次，0.1~100nm）时，情况与体相时很不一样，由于石墨微晶中只有数目有限的碳原子，石墨层边缘具有悬挂键碳原子的相对密度很大，此时，为了使系统能量达到最低，这些具有悬挂键的碳原子就会相互结合成键，从而使石墨平面弯曲封闭，形成闭合的壳层结构——富勒烯和碳纳米管。

在纳米材料中，碳纳米管（Carbon Nanotubes，CNTs）被称为纳米之王或超级纳米材料。一直以来，人们认为自然界只存在两种碳的同素异形体：金刚石、石墨。1985 年，科学家在碳元素家族中发现了 C_{60}，1991 年，又发现了碳纳米管，对碳纳米材料的研究可谓日新月异，成为近些年来凝聚态物理和材料科学研究的一大热点。从近期美国《科学索引》核心期刊发表的与碳纳米管相关论文数看，我国排在美国之后，位居世界前列。

1.5.1 碳纳米管的发现与研究现状

1985 年，美国科学家 Curl 和 Smalley 教授及英国科学家 Kroto 教授合作研究碳团簇与宇宙空间存在的反常红外吸收的关系，他们利用激光蒸发团簇的实验设备来制备长链碳分子，测量时意外地发现了由 20 个六角环和 12 个五角环组成的足球状多面体即 C_{60}。1990 年，Kratschmer 等人用石墨电极法电弧放电，直接大规模合成 C_{60}，C_{60} 的发现以及批量制备极大地推动了富勒烯（Fullerenes）的研究。此后，球形或椭圆形的 C_{70}、C_{76}、C_{78}、C_{82}、C_{84} 等又相继被发现，标志着碳的同素异形体的又一大家族——富勒烯的兴起。Curl、Smalley 和 Kroto 因共同发现 C_{60} 并确认和证实其结构而共同获得 1996 年度诺贝尔化学奖。1991 年，日本 NEC 公司的电镜专家 Iijima 用真空电弧蒸发石墨电极，并对产物作高分辨透射电镜（HR-TEM），发现了具有纳米尺寸的碳多层同轴的管状物即碳纳米管，国内学者常称之为巴基管（Bucky Tube）。图 1-1 是三根层数不同的碳纳米管（分别为 5 层、2 层和 7 层）的高分辨电子显微镜图片。Iijima 指出，这种管状结构是由类似于石墨的六边形网格所组成的管状物。同时，碳纳米管一般两端封闭，直径在几纳米到

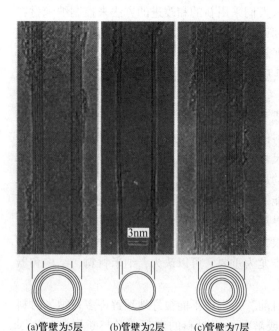

(a)管壁为5层 (b)管壁为2层 (c)管壁为7层

图 1-1 碳纳米管的高分辨透射电子显微镜照片

几十纳米之间，长度可达数微米。碳纳米管的发现掀起了继 C_{60} 后，富勒烯的又一次研究高潮。1992 年，Ebbesen 和 Ajayan 合成了纯度更高的克量级碳纳米管。1993 年，通过在电弧放电中加入过渡金属催化剂（Fe 和 Co），Iijima 研究小组和美国 IBM 公司 Bethunels 研究小组同时成功合成单壁碳纳米管（Single-Walled Carbon Nanotubes，SWCNTs），如图 1-2 所示。这又是一个重大进展，这种单壁碳纳米管是科学工作者有意识地通过靶向设计、优化实验参数而制得，具有更为理想的纳米管状结构和性能，这是以前从未有过的。1995 年，美国诺贝尔奖获得者 Smalley 研究并证实了碳纳米管的优良场发射性能。1996 年，Smalley 等人采用激光蒸发法成功地制备出高含量的束状单壁碳纳米管，并首次用"绳"这一概念来形容单壁碳纳米管形成的管束。单壁碳纳米管绳的合成，大大促进了碳纳米管的研究，此后基于这些试样进行了许多有重要影响的工作。同时，碳纳米管的研究也从纯碳组成的碳纳米管扩展到如 BN、BCN 等多种元素组成的纳米管，以及利用碳纳米管的填充、包敷和空间限制反应合成其他材料的一维纳米结构。

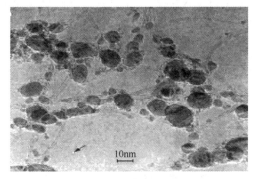

图 1-2　实验上首次得到的单壁碳纳米管

自从 Iijima 发现碳纳米管以来，碳纳米管的制备工艺被不断探索和完善，并接连取得重大突破。其中，我国科学家在本领域也开展了比较深入、系统的研究，并取得了一系列的突破性进展。1999 年，中科院金属研究所成会明等人采用催化热解碳氢化合物的方法得到较高产率的单壁碳纳米管。由于氢取代了氦作缓冲气体，既降低了成本又使产物纯度提高。2000 年，中科院物理所谢思深等人利用电弧放电方法制得最小内径为 0.5nm 的多壁碳纳米管（Multi-Walled Carbon Nanotubes，MWCNTs），这一结果已十分接近碳纳米管的理论极限值 0.4nm，其后不久，北京大学的 Peng 等人垂直地生长出了管径 0.33nm 的碳纳米管，突破了 0.4nm 的理论极限值。2004 年，Zhao 等人在多壁碳纳米管的最里层发现了直径为 0.3nm 的碳纳米管，被认为是目前直径最小的碳纳米管。这些基础工作为碳纳米管的实验测量及其应用开辟了现实可行的道路，但同时仍存在大量有待解决的科学和技术问题，这就迫切需要科技工作者不断探索。

1.5.2　碳纳米管的结构及分类

碳纳米管是将单层或多层石墨片围绕中心轴，按一定的手性角卷曲而成的无缝圆柱状壳层结构，其径向尺寸很小。管壁一般由碳六边形环构成，此外，还有一些五边形碳环和七边形碳环存在于碳纳米管的弯曲部位。每层碳纳米管内碳原子通过 sp^2 杂化与周围 3 个碳原子键合，平均 C—C 键长约为 1.42Å。按照构成碳纳米管石墨层数，它可以分为单壁碳纳米管和多壁碳纳米管。将几十根单壁碳纳米管以相近的距离（约 0.32nm）排列在一起，可以形成单壁碳纳米管管束。单壁碳纳米管的典型直径和长度分别为 0.75~3nm 和 1~50μm。多壁碳纳米管的典型直径和长度分别为 2~30nm 和 0.1~50μm，最长者可达数毫米。多壁碳纳米管的层间接近 ABAB…堆垛，片间距一般为 0.34~0.39nm，与石墨片间距基本相当。无论是单壁还是多壁碳纳米管，都具有很高的长径比，一般为 100~1000，最高可达 1000~10000，完全可以认为是一维分子。在研究与实际的应用中，单壁碳纳米管和小半径的多壁碳纳米管有着十分重要的地位。小半径的多壁碳纳米管性能与单壁碳纳米管性能相似，都要优于大半径的多壁碳纳米管，所以大量的研究工作集中在了单壁碳纳米管上。

单壁碳纳米管依据其结构特征可分成三种类型，分别为扶手椅型碳纳米管（Armchair）、锯齿型碳纳米管（Zigzag）和手性型碳纳米管（Chiral），它们取决于单个石墨原子层如何经卷曲而形成圆筒形材料。如果将单壁碳纳米管沿着一条平行于轴线的方向"切开"，然后将管的侧壁展开，可得如图 1-3 所示的石墨片。图中，$\vec{a_1}$、$\vec{a_2}$ 是石墨的二维基矢，$\vec{T}$ 为碳纳米管的轴线方向矢量，$\vec{C_h}$ 所在的位置为管圆周方向，它与 $\vec{T}$ 垂直，$\vec{C_h}$ 称为手性矢量（Chiral Vector），其中 $\vec{C_h} = na_1 + ma_2$。当石墨片卷起来形成纳米管的圆筒部分，手性矢量的端部彼此相重，手性矢量形成了纳米管圆形横截面的圆周，不同的 n 和 m 值导致

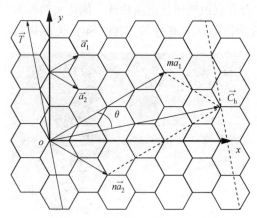

图 1-3　单壁碳纳米管展开示意图

不同的纳米管结构。由此可见，任意卷曲的方式的碳纳米管都可以用 (m, n)（m, n 都是整数）来表征。$\vec{C_h}$ 与 $\vec{a_1}$ 之间夹角 θ 称为手性角（Chiral Angle）。当 $n = m$，$\theta = 30°$ 时，形成的管是扶手椅型碳纳米管，如图 1-4（a）所示。当 n 或者 m 为 0，$\theta = 0°$，则形成的管是锯齿形碳纳米管，如图 1-4（b）所示。而当 $0 < |m| < n$，$0° < \theta < 30°$ 时，所卷接成的管是手性碳纳米管，如图 1-4（c）所示。

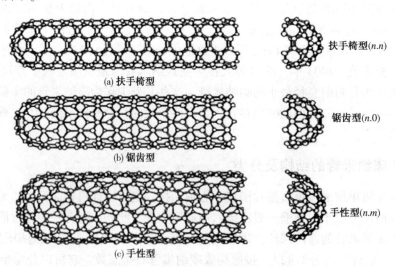

(a) 扶手椅型　　　　　　　　　　　　　　　扶手椅型(n.n)

(b) 锯齿型　　　　　　　　　　　　　　　锯齿型(n.0)

(c) 手性型　　　　　　　　　　　　　　　手性型(n.m)

图 1-4　三种类型的单壁碳纳米管

1.5.3　碳纳米管的性质和应用

碳纳米管具有独特的电学性质，这是由于电子的量子限域效应所致，电子只能在单层石墨片中沿纳米管的轴向运动，径向运动受限制，因此，它们的波矢是沿轴向的。图 1-5 是

几个小直径碳纳米管的电子能量与波矢的关系。图中的费米能级固定在能量零点，费米能级之下的能态为占据态，之上能态为非占据态。可以看出，对于单壁扶手椅型(5，5)纳米管或单壁锯齿型(9，0)纳米管，在其费米能级附近并没有能隙的出现，即这些碳纳米管具有金属性。而对于锯齿型的(10，0)碳纳米管，占据态和非占据态之间有一个明显的带隙，因此，这个碳纳米管是一个半导体。利用折叠布里源区方法推导计算表明，碳纳米管呈现金属性还是半导体性取决于它们的手性矢量。当$|n-m|=3q$（q为整数）时，这种$(n，m)$碳纳米管为金属性。因此，所有的扶手椅型（$n=m$）碳纳米管都是金属性的，手性和锯齿型纳米管则部分为金属性、部分为半导体性。

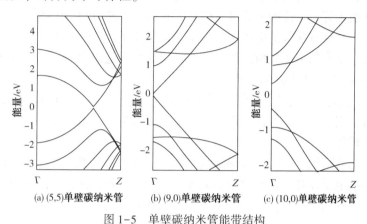

(a) (5,5)单壁碳纳米管   (b) (9,0)单壁碳纳米管   (c) (10,0)单壁碳纳米管

图 1-5   单壁碳纳米管能带结构

Γ、Z—在超胞的布里渊区域内的两个高对称点，费米能级设为零能量处

碳纳米管的出现不过 20 年的时间，却引起了全世界的极大关注，成为物理、化学和材料科学等学科中最前沿的研究领域。碳纳米管作为一维纳米材料，重量轻，六边形结构连接完美，具有许多异常的电磁学、力学和化学性能。近几年来，随着碳纳米管及纳米材料研究的不断深入，其广阔的应用前景也不断显现出来。

1）电磁性质

碳纳米管具有手性、管状结构，预示着其具有不同寻常的电磁性能。Saito 等人经理论分析认为，根据碳纳米管的直径和手性角度，大约有 1/3 是金属导电性的，而 2/3 是半导体性的。Dia 等人进一步指出完美碳纳米管的电阻要比有缺陷的碳纳米管的电阻小一个数量级或更多。Ugarte 发现，碳纳米管的径向电阻大于轴向电阻，并且这种电阻的各向异性随着温度的降低而增大。Huang 理论计算指出，直径为 0.7nm 的碳纳米管具有超导性，这预示了碳纳米管在超导领域里的应用前景。Wang 等人测得碳纳米管的轴向磁感应系数是径向的 1.1 倍，超出 C_{60} 近 30 倍。

2）力学性质

碳管的力学性质已有许多报道，近来，比较精确地测量了一些力学常数。碳纳米管的基本网格是由自然界最强的价键之一— sp^2 杂化形成的共价键组成的，尤其是沿轴向，结构的稳定性使碳纳米管表现出良好的抗变形能力，也就是非常高的弹性模量。它的抗张强度比钢高100 倍，可达 100GPa，而比重却只有钢的 1/6，其轴向弹性模量目前从理论估计和实验测定在 1~1.8TPa，与金刚石的弹性模量几乎相同。碳纳米管最接近商业化的应用之一是作为探针型电子显微镜的探针。另一方面，对于碳纳米管的破坏可以通过其中空部分的塌陷来完

11

成，从而在复合材料中应用时可以极大地吸收能量，增加韧性。将碳纳米管作为复合材料增强体，可表现出良好的强度、弹性、抗疲劳性及各向同性，这可能带来复合材料性能的一次飞跃。

3）化学性质

碳纳米管的基本网格是由 sp^2 杂化形成的 C—C 共价键组成，曲率影响着碳纳米管的性质，这使得碳纳米管具有很好的化学活性。Pederson 等人发现碳纳米管的毛细作用很强，因此它可以吸附很多分子或者化合物。碳纳米管可以吸附金属原子、过渡金属、碱金属和一些气体分子。同时，其本身的化学活性、导电性也发生变化。通过对碳纳米管进行化学修饰，可以得到可溶性纳米管、磁性纳米管以及碳纳米管的有机和生物衍生物。

碳纳米管由于其具有独特的电磁学、力学、化学性质，一经发现，立即吸引了从凝聚态物理到化学，从学术界到工业领域的极大兴趣，成为世界范围内的研究热点之一。正如诺贝尔奖获得者 Smalley 称："碳纳米管将是价格便宜，环境友好，并为人类创造奇迹的新材料"。可以这么说，纳米碳管应用的巨大潜力难以估计。碳纳米管可以制作成储氢材料、合成新材料，还可应用于电化学器件、场发射装置、纳米电子器件、传感器和探头、催化剂载体、生物医学领域等。

由此可见，随着碳纳米管合成和提纯技术的日益成熟，碳纳米管的应用领域将不断得到扩展，尤其在纳米电子器件和复合材料领域等多个高科技领域存在着巨大的潜在应用，由碳纳米材料制成的各种功能器件将覆盖人类生产生活的方方面面。

1.5.4 碳纳米管的制备

碳纳米管通常采用三种工艺制备，即电弧放电法、激光溅射法和化学气相沉积法（图 1-6）。

(a) 石墨电弧法 (b) 激光蒸发法 (c) 化学气相沉积法

图 1-6 碳纳米管制备方法示意图

1）电弧放电法

电弧放电法的原理为：石墨电极在电弧产生的高温下蒸发，在阴极沉积出纳米管，这是制备碳纳米管的经典方法。1991 年，Iijima 就是在采用电弧法制备富勒烯的过程中作为一种副产品而发现碳纳米管的。1992 年，Ebbesen 和 Ajayan 尝试采用不同工艺条件来制备纯度和产量较高的多壁碳纳米管，他们使用氦气取代富勒烯，并且使用氦气作为缓冲气体，并将气体压力提高，这一改进获得了较大成功，使制备出来的碳纳米管的产量达到了克量级，而且纯度也大为提高。1997 年，Journet 等人在《Nature》杂志上报道了石墨电弧法批量合成单壁碳纳米管的工艺。

2）激光溅射法

激光溅射法的基本原理为：用高能量密度的激光照射置于真空系统中的碳靶，靶体由混有少量过渡金属催化剂(Ni、Fe 和 Co 等)的碳粉压制而成,照射过程中通入载体气体。1996年,Smalley 等人在 1200℃下用激光蒸发石墨棒(使用 Ni、Co 为催化剂)得到了纯度高达70%且直径均匀的单壁碳纳米管束。

3)化学气相沉积法

化学气相沉积法(CVD)合成碳纳米管基本上分为两个步骤,即催化剂制备和纳米管的实际合成。化学气相沉积法具有成本较低、工艺简单、膜厚均匀、重复性好、可大面积生产和过程可控等优点,适合工业化应用。其基本原理为:含有碳源的气体 CO、C_6H_6、C_2H_2、C_2H_4 等流经催化剂(通常为过渡金属,如 Ni、Fe 和 Co)表面时分解生成碳纳米管。

对于上述碳纳米管制备的方法以及其他的一些方法,一般都具备共同的条件:碳源、能够提供合适温度的热源、某种金属催化剂。这些条件的相互作用形成了"碳化物分解-碳原子扩散-碳纳米管生长"的一个过程。这个过程,即碳纳米管生长的机制,仍是当前碳纳米管研究的重点之一。

1.6 石墨烯及其纳米带

1.6.1 石墨烯

自然界中存在的金刚石和石墨这两种碳的同素异形体都是三维的。然而,当零维的富勒烯、以及一维碳纳米管被发现后,碳元素材料中就只剩二维的材料还未被发现。尽管我们可以将石墨看成由二维片层结构堆垛而成,但是石墨并不是真正意义上的二维材料。只有具备二维的蜂窝状晶格的单层原子厚度的石墨,也就是石墨烯(Graphene)才可以称得上是二维结构的纳米材料。众所周知,自然界中并不存在自由态的石墨烯,在自由态下的石墨烯,或者卷曲成富勒烯、碳纳米管,或者堆叠成体相石墨。近些年来,科研工作者一直在寻找一种用以制备石墨烯的方法。英国曼彻斯特大学的 Gelim 和 Novoselov 等人于 2004 年,通过机械剥离(Cleave)的方法,成功地对石墨烯进行了实验制备,从此也引发了科学界一番新的研究浪潮。Gelim 和 Novoselov 也因此成为了 2010 年诺贝尔物理学奖的得主。

单层的石墨烯在室温下、真空或在空气中可以稳定存在,这一结果震惊了整个科学界,从而推翻了被公认的"完美二维晶体结构无法在非绝对零度下稳定存在"的这一结论。在相同条件下,其他任何已知的材料都会被分解或氧化,甚至在相当于其单层厚度 10 倍时就变得很不稳定。而石墨烯片是当今世界上制得的最薄材料,也是第一个真正具有二维结构的材料。

石墨烯除了其自身所具有的优良的力学特性、热学特性以及光学特性以外,它所具备的更为突出特性可归因于其新颖的电子性质,比如量子遂穿效应、最小电导率等。对单层石墨烯的电子传导特性的研究俨然已经成为当前材料学界研究的新热点。

自从 Gelim 和 Novoselov 等人于 2004 年利用机械剥离的方法制备出单层石墨烯以来,很多科研工作者都致力于寻找新的方法,能够制备单层石墨烯。尤其是寻求一种能够大量制备具有稳定结构石墨烯的方法,从而能够更好地研究这种新型材料的新颖特性和潜在应用。目前,所采用的制备方法有微机械剥离法、氧化还原法以及化学气相沉积法。

石墨烯之所以具有优异的力学性能主要是由于其中的每个碳原子是通过很强的 σ 键与

其他三个与之相邻的碳原子相连接，以及相对弱一些的π键作用下与其他近邻的碳原子相连接。除此之外，由于与石墨烯平面垂直的π轨道的存在，导致电子在晶体中可以自由移动，从而导致了石墨烯具有很好的电子传输性能。二维石墨烯结构可以看是形成一切 sp^2 杂化碳质材料的基本组成单元。如图1-7所示，石墨可以看成是多层石墨烯片堆垛而成的，前面提到过的碳纳米管可以看作是卷成圆柱状的石墨烯。当石墨烯的晶格中存在五元环的晶格时，石墨烯片会发生翘曲，富勒球可以看成通过多个六元环和五元环按照一定顺序排列得到。

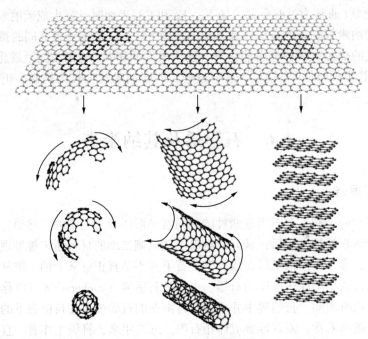

图1-7　石墨烯片作为所有 sp^2 杂化碳质材料的基本组成单元

1.6.2　石墨烯纳米带

除了可形成富勒烯球和碳纳米管之外，通过沿着某一方向剪切石墨烯，可以得到带状的石墨片层，即石墨烯纳米(Graphene Nanoribbons，GNRs)。按照不同的方向剪切，得到边界形状不一样的石墨烯纳米带，最重要的两种是锯齿型石墨烯纳米带(Zigzag Graphene Nanoribbons，ZGRs)和扶手椅型石墨烯纳米带(Armchair Graphene Nanoribbons，AGRs)，如图1-8所

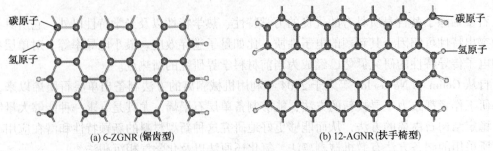

(a) 6-ZGNR (锯齿型)　　　　　　　　　(b) 12-AGNR (扶手椅型)

图1-8　锯齿型和扶手椅型石墨烯纳米带的几何结构示意图

示。这些石墨烯纳米带保留了石墨烯的某些特点，又具有许多新颖的特点，其特性受到尺寸大小和边缘形状的影响。在理论计算中，一般都用氢原子饱和石墨烯纳米带边界碳原子的悬挂键，以增加模型的稳定性。一些理论计算表明，锯齿型石墨烯纳米带具有金属性，然而扶手椅型石墨烯纳米带根据宽度的不同，可以表现出金属性或半导体性。

图 1-9 给出了几种典型的锯齿型（N_z = 2, 3, 4, 5, 6, 7）和扶手椅型（N_a = 3, 4, 5, 12, 13, 14）石墨烯纳米带的能带结构，图中黑色虚线表示费米能级的位置。从图中可以看出对最窄的锯齿型石墨烯纳米带即 2-ZGNR，它的最低未占据态导带底和最高占据态价带顶对应 Z 附近同一个点，这表明 2-ZGNR 是一个小带隙的直接半导体。但当纳米带变宽时，即从 3-ZGNR 之后，这种直接的小带隙消失了，而在费米能级产生了一条平带。随着纳米带宽度的增加，最低未占据态导带和最高占据态价带相遇的点逐渐远离 Z 点，即平带随纳米带宽度的增加而变长。在能带费米能级处出现平带这种现象被称为"边缘效应"。由于扶手椅型边缘形成二聚物，因此扶手椅型边缘石墨烯纳米带能带结构中并没有出现像锯齿型石墨烯纳米带能带结构中的平带，即扶手椅型石墨烯纳米带能带结构不存在边缘效应。扶手椅型石墨烯纳米带能带结构导带底和价带顶同时出现在 Γ 点，这表明扶手椅型石墨烯纳米带是直接带隙的半导体。从图还可以看出，随着纳米带宽度的增加，不仅能带的数目增加了，而且导带底和价带顶都在向费米能级靠近，导致带隙随纳米带宽度逐渐减小。

1.7 GaN 纳米材料

1.7.1 GaN 材料简介

GaN 是一种非常重要的直接宽带隙半导体材料，室温下带隙宽度为 3.4eV。GaN 具有高的发光效率、热传导性和优良的化学稳定性，在蓝、绿发光二极管，蓝光激光器，紫外探测器，高温、高功率及恶劣环境下工作的半导体器件等方面有广泛的应用前景。GaN、SiC 与金刚石等半导体材料一起，被誉为是继第一代 Ge、Si 半导体材料、第二代 GaAs、InP 化合物半导体材料之后的第三代半导体材料。

近些年来，ZnSe、SiC、ZnO 和 GaN 宽带隙半导体材料在研制开发蓝色发光二极管（Light-Emitting Diode, LED）方面的竞争十分激烈。其中，ZnSe 键能小（1.2eV），欧姆接触差，缺陷多，导致器件寿命短；SiC 是间接带隙半导体材料，发光亮度很低；ZnO 的 P 型掺杂还有待提高；材料性能不错的金刚石薄膜，由于难以掺杂，其研究和应用都没有得到突破性进展。直到 1995 年，日本日亚公司率先成功地合成了 GaN 的 P 型掺杂（Mg），并将 GaN 基复合氮化物即红（AlGaAs）、蓝（InGaN）和绿（InGaN）三基色 LED 和激光二极管（LD）推向产业化生产。据估算，仅发光二极管一项，全世界的年需求量就超过几千万只。因此，很多国家都投入了大量的人力、物力和财力对此进行研究和开发，这使得 GaN 及相关材料的研究成为目前的热点之一。

GaN 是一种极性晶体，其化学键主要是共价键，由于构成共价键的两种组分在电负性上有较大的差别，导致在该化合物键中有相当大的离子键成分，这是 GaN 具有许多独特物理性质的根源。这也是Ⅲ族氮化物（GaN、AlN、InN、AlGaN、GaInN、AlInN 和 AlGaInN 等）所具有的共同特性。

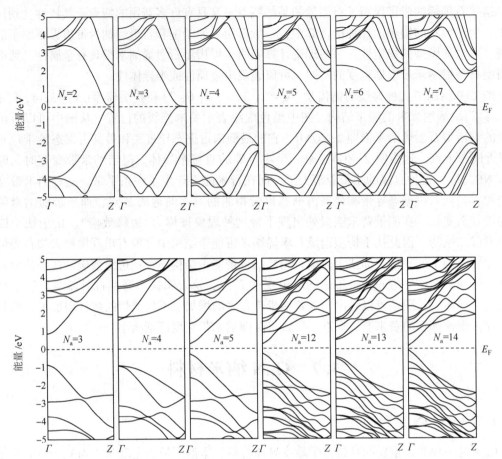

图 1-9 锯齿型($N_z=2$, 3, 4, 5, 6, 7)和扶手椅型($N_a=3$, 4, 5, 12, 13, 14)石墨烯纳米带的能带结构

注：费米能级设为零能量处并用水平虚线标示。

GaN 在自然界中热力学稳定相是六方晶系纤锌矿结构(Hexagonal Wurtzite Structure)，在高压下发生相变转变，为立方熔盐矿结构(Cubic Rocksalt Structure)。同时，也存在能量略高于纤锌矿结构的亚稳态相，即立方闪锌矿结构(Cubic Zinc-Blende Structure)。纤锌矿结构是由两套六方密堆积结构沿 c 轴方向平移 $5c/8$ 套构而成，如图 1-10(a)所示。闪锌矿结构则

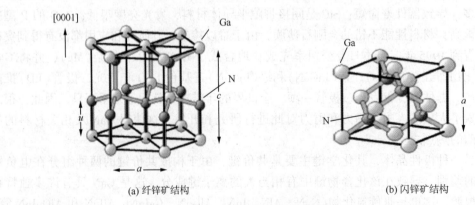

(a) 纤锌矿结构

(b) 闪锌矿结构

图 1-10 GaN 原子结构示意图

是由两套面心立方结构沿对角线方向平移 1/4 对角线长度套构而成，如图 1-10(b)所示。这两种结构基本类似，每个 Ga 原子与最近邻的 4 个 N 原子成键，其区别在于堆垛顺序，纤锌矿沿 c 轴(0001)方向的堆垛顺序为 ABABAB；闪锌矿沿[111]方向的堆垛顺序为 ABCABC。表 1-3 列出了六方纤锌矿结构和立方闪锌矿结构 GaN 的相关参数。

表 1-3　六方纤锌矿结构和立方闪锌矿结构 GaN 的相关参数

结　　构	纤锌矿	闪锌矿
密度/(g/cm³)	6.09	6.08
禁带宽度/eV	3.44(300K) 3.50(10K)	3.2~3.3
晶格常数/Å	$a = 3.189$ $c = 5.85$	4.52
热膨胀系数/(10^{-6}/K)	$\Delta a/a = 5.59$	
热导率/[W/(cm·K)]	1.3	
折射率	$n(1\ eV) = 2.33$ $n(3.38\ eV) = 2.67$	
分解温度/K	1123	

由于低维的纳米材料具有小尺寸效应、表面与界面效应、量子尺寸效应和宏观量子隧道效应等纳米效应，其光、电、化学以及热性质与体材料相比，发生明显的改变。在一些情况下，一维纳米材料比相应的大尺寸材料显示出更优越的性能。对一维纳米材料特性与应用的研究是目前纳米材料研究中的热点课题，一维纳米材料在功能器件中的应用将对电子、信息等领域产生积极的影响。所以，研究一维 GaN 纳米结构的制备和性质，不仅可以深入认识其新颖的物理、化学等特性，还可以为将来制备纳米功能器件提供可靠技术指导。

1.7.2　GaN 纳米管

目前，对于二维的 GaN 薄膜的制备和特性的研究已经相当广泛了。然而，由于一维 GaN 纳米结构材料合成困难，对其研究相对比较少。特别地，对于 GaN 纳米管和纳米带的研究还处在初级阶段。为此，开展针对一维 GaN 纳米材料的稳定性及其电、磁等性质的研究与探索，为实验研究和实际应用提供可靠的理论支持和指导。

1.7.2.1　GaN 纳米管的理论研究

1999 年，Lee 等人利用密度泛函理论对类似于 BN 纳米管的单壁 GaN 纳米管进行了研究。他们研究的对象包括锯齿型(Zigzag)和扶手椅型(Armchair)两种结构，如图 1-11 所示。他们利用局域密度近似(Local Density Approximation, LDA)下的平面波基矢的密度泛函方法(Density Function Theory, DFT)和自洽电荷密度泛函的紧束缚方法对 GaN 纳米管的稳定性和电子结构性质进行了研究。他们对单壁 GaN 纳米管的电子结构的研究表明，锯齿型纳米管是直接带隙的半导体，而扶手椅型纳米管为间接带隙的半导体。与碳纳米管相反的是，GaN

纳米管的带隙随着管径的减小而减小，当 GaN 纳米管的管径趋向于无穷时，带隙的极限值近似为 3.95eV。

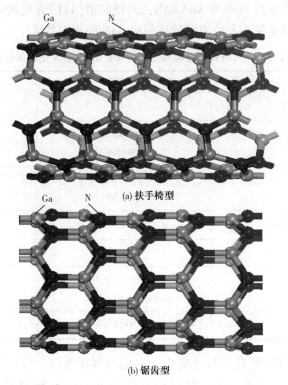

(a) 扶手椅型

(b) 锯齿型

图 1-11　单壁 GaN 纳米管的原子结构示意图

　　Jeng 等人采用 Tersoff 多体势模型结合经典的分子动力学对单壁 GaN 纳米管进行了理论研究。他们考虑了 $(n, 0)$ 锯齿型和 (n, n) 扶椅型的 GaN 纳米管。计算结果表明，在小的应变条件下，力学性质(特别是杨氏模量)基本不随螺旋角的变化而变化，然而在大的应变条件下，螺旋角对纳米管力学性质的影响却非常大。当达到某个临界应变之前，GaN 纳米管一直保持着弹性响应。而一旦超过这个应变，则部分 C—C 键会从圆周方向旋转到沿轴向。这种键的旋转被称作是 Stone-Wales(SW) 转变，它将 4 个相邻的六环转变成为 2 个五环和 2 个七环。这种转变使得纳米管沿着轴向拉伸，同时在垂直于轴向的方向收缩。Jeng 等人认为，在大的拉伸应变的条件下，由于 $(n, 0)$ GaN 纳米管中 SW 转变引起的 Ga—Ga 和 N—N 键的方向不合适，导致了这些键易于断裂；而 (n, n) GaN 纳米管则很难出现键的断裂现象，因为它的 Ga—Ga 和 N—N 键不是沿着轴向而是沿着圆周方向。此外，他们的结果揭示了 GaN 纳米管的拉伸强度对温度和应变率非常敏感，纳米管的强度极限随着温度的增加而增加。

　　清华大学 Hao 等人采用第一性原理的方法对磁性原子 Mn 掺杂的一端开口的锯齿型和扶手椅型单壁纳米管的电子和自旋极化性质进行了研究，研究结果发现，由于 Ga 或者 Mn 的悬挂键与 N 原子的悬挂键相互作用，纳米管的开口端出现了自闭合现象，形成了更稳定的开口半锥形的顶端，并且掺杂后 GaN 纳米管表现出很强的磁矩，可以用作磁性材料，但是金属的掺杂位置对磁性性质有一定的影响。

GaN 纳米管理论研究的对象几乎都是单壁的层状纳米管。然而，这样的单壁纳米管是否稳定，Zhang 等人进行了理论研究，解释了 GaN 不能形成类似于碳纳米管和 BN 纳米管的层状纳米管的原因。他们采用 B3LYP 密度泛函方法，得到 GaN 纳米管中的原子倾向于四配位，即类似于金刚石结构中的成键形式，不能形成与碳纳米管形态一样的具有 sp^2 杂化的 GaN 纳米管这一结论。

1.7.2.2 GaN 纳米管的实验研究

2003 年，Hu 等人利用 Ga_2O_3 转换的方法得到 GaN 纳米管。首先，在 N_2 的气氛中，Ga_2O_3 和 C 在一定的温度下反应生成 Ga_2O 蒸汽，然后被载气 N_2 输运到沉积区，通过汽-固生长机制形成非晶的 Ga_2O 纳米管，同时有液态的金属 Ga 填充在纳米管内部。然后，在 NH_3 的气氛中，非晶的 Ga_2O 纳米管与 NH_3 在一定温度下反应生成 GaN 纳米管。X 射线衍射、扫描电镜和透射电镜分析表明，这种方法制备的纳米管是单晶纳米管，长度可以达到约 $10\mu m$，且有比较均匀的外径和厚度，分别为约 80nm 和 20nm。同年，Golberge 等人利用在（110）蓝宝石沉积的 ZnO 纳米线作为模板，成功制备了单晶 GaN 纳米管的阵列。其具体方法如下：首先，在蓝宝石的衬底上，以 Au 作为催化剂，原位生长有序的 ZnO 纳米棒阵列；然后，利用三甲基镓和 NH_3 为反应物外延生长 GaN，H_2 或 N_2 作载运气体，在 ZnO 表面沉积一层 GaN；最后，用含 $10\%H_2$ 的氩气处理，利用气相蒸发方法除去 ZnO 模板，制备出有序的 GaN 纳米管阵列。这种方法制备的单晶 GaN 纳米管的内径大约为 30～200nm，管壁的厚度为 5～50nm，如图 1-12 所示，为用作模板的 ZnO 纳米线阵列和生成的 GaN 纳米管阵列的扫描电镜图像。

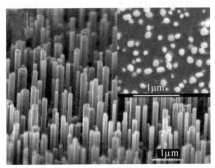 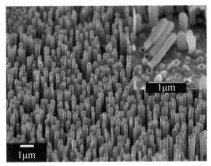

(a) ZnO 纳米线模板图　　　　　　　(b) GaN 纳米管扫描电镜图

图 1-12　ZnO 纳米线模板图和 GaN 纳米管扫描电镜图

除了在模板外面生长 GaN 纳米管之外，在模板内部也能生长 GaN 纳米管。Jung 等人利用氧化铝模板的方法，在阳极氧化后的铝膜上组装出来高度有序的 GaN 管状结构。他们以三甲基镓和 NH_3 作为反应物，H_2 为载气，在 N_2 气氛中沉积 GaN，最后用磷酸和铬酸混合溶液熔化氧化铝模板，得到 GaN 纳米管的直径为 200～250nm，壁厚为 40～50nm。但这种制备方法制备的 GaN 纳米管不是单晶结构，而是一种由许多晶粒组成的多晶结构。一般情况下，制备 GaN 纳米管是需要模板的，但也有不用模板而获得成功的。Hung 等人利用感应耦合等离子体刻蚀方法制备了 GaN 纳米管阵列。首先在（0001）蓝宝石衬底上采用金属有机物的方法生长一层 GaN 单晶薄膜，然后控制条件通过诱导耦合等离子体对单晶薄膜进行刻蚀，最后在衬底上形成与衬底表面垂直的 GaN 纳米管。它们的外径约 40nm，内径约 20nm，密度为 $4.4\times10^9 cm^{-2}$。

以上方法制备出的 GaN 纳米管都为六方相纤锌矿结构的 GaN 纳米管，对立方相闪锌矿结构的纳米管也有研究报道。Hu 等人利用一步生长的方法制备了单晶立方的 GaN 纳米管。利用 Ga_2O_3 和 NH_3 作为反应物，在 N_2 气中，不使用模板和催化剂，通过汽-固过程生长出了具有立方相结构的单晶 GaN 纳米管，如图 1-13 所示。纳米管的截面为矩形，长度为 50～150nm，壁厚为 20～50nm，管长达几个微米。到目前为止，对于 GaN 纳米管的实验研究工作基本处于材料的制备和表征阶段，而对其物理和化学性质的研究却很少，这主要是制备高质量 GaN 纳米管存在一定困难，如要对其进行性质测量难度则更大了。

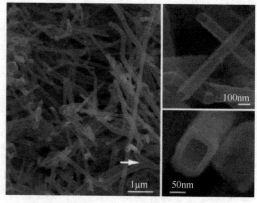

图 1-13 立方 GaN 纳米管扫描电镜图

1.7.3 GaN 纳米线

近年来，纳米线作为非常重要的一维材料，吸引了科研工作者广泛的研究兴趣。一维 GaN 纳米线可以通过原子结构、异质结构、表面修饰、掺杂、电场以及应变场等不同方法呈现出独特的电学、光学和磁学等性能，使其拥有着广泛的应用前景。

尽管有报道指出，GaN 纳米线能够以闪锌矿结构的形式存在，但是实验研究的 GaN 纳米线主要是以纤锌矿结构的形式存在。在实验中，纳米线的直径可以在 5～100nm 的范围内。GaN 纳米线有着不同的生长方向，其中包括［0001］、［1010］、和［1120］方向。2000 年，美国哈佛大学 Lieber 等人基于气-液-固（VLS）生长机制，发展了一种新技术（激光烧蚀法），即用激光剥离含有金属催化剂（Fe）的 GaN 靶，成功地制备出了 GaN 纳米线。合成的 GaN 纳米线通常沿垂直于衬底的方向生长，在纳米线的底端或顶端存在纳米尺度的金属颗粒。如图 1-14 所示，为生成的顶端带纳米颗粒的 GaN 纳米线的透射电镜照片和相应的选区电子衍射模式。

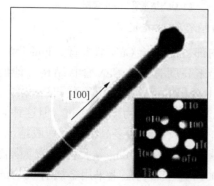

图 1-14 激光辅助催化生长 GaN 纳米线的 TEM 图像及其选区电子衍射（SAED）图像

此外，化学气相外延和化学沉积及气相输运与气-液-固生长机制结合用于合成一维 GaN 纳米材料及其物性研究的报道也有很多。中科院物理所陈小龙等人通过金属 Ga 与 NH_3 直接反应制备出 GaN 纳米线。形貌和结构研究表明，GaN 纳米线是直的且表面光滑，具有六方纤锌矿结构。其工艺为：首先在铝酸镧基片上形成纳米尺寸的 NiO 颗粒，然后将金属镓与带有催化剂颗粒的基片放入水平放置的管式炉中加热到 920～940℃，通 NH_3 即可获得 GaN 纳米线。随后，又对这些 GaN 纳米线进行了 Raman 谱研究。台湾 Chen 等人用钢作催化剂，将金属 Ga 置于硅或石英基片上，于 910℃通入 NH_3 制得了 GaN 纳米线。

1.7.4　GaN 纳米带

纳米带是继纳米线和纳米管之后发现的又一种新型准一维纳米结构材料，与纳米管和纳米线的圆柱形几何结构不同，它的横截面为矩形，外表面由两组对称的晶面构成。2001 年，Wang 等人首次报道了准一维的氧化物半导体纳米带，其结构特点是横截面为一窄矩型，带宽为 30~300nm，厚度为 5~10nm，而长度可达几毫米，氧化物半导体纳米带的发现扩大了一维纳米材料的研究范围，对于发现新的纳米结构和发展纳米技术新的应用具有极大的意义。

仿照石墨烯纳米带的结构，我们也可以得到边界形状不一样的 GaN 纳米带，即锯齿型 GaN 纳米带（Zigzag GaN Nanoribbons，ZGaNNRs）和扶手椅型 GaN 纳米带（Armchair GaN Nanoribbons，AGaNNRs），如图 1-15 所示。

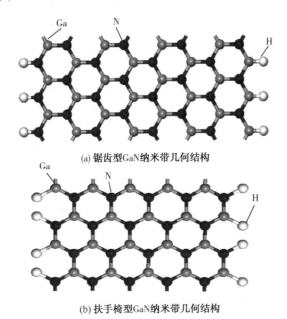

(a) 锯齿型GaN纳米带几何结构

(b) 扶手椅型GaN纳米带几何结构

图 1-15　锯齿型和扶手椅型 GaN 纳米带几何结构示意图

对于 GaN 纳米带的制备研究，Chen 等人首次以 Ag 作催化剂，通过 Ga 与 NH_3 反应，在单晶 MgO 衬底上生长出了 GaN 纳米带。随后在 2002 年，Bae 和 Seo 等人以 Ni、Fe 等作催化剂，通过 Ga、Ga_2O_3 和 B_2O_3 的混合物以及金属 Ga 与 NH_3 反应，在氧化铝、单晶硅衬底上生长出了锯齿状的 GaN 纳米带。2006 年，Xu 等人以金属 Ni 作为催化剂，通过 CVD 过程，大量制备出了高纯 GaN 纳米带。首先，将硅片衬底分别用丙酮、纯乙醇和去离子水超声清洗 30min，随后，将金属 Ni 真空沉积于硅片衬底上，Ni 层的厚度约 40nm，然后，将硅片与 0.15g 金属 Ga 分别放于石英舟内，其中硅片放于石英舟的尾端，最后，将石英舟置于管式炉的石英管内。向石英管内以 $30cm^2/min$ 的流量通 Ar 气（纯度 99.999%），加热至 950℃并保温 20min，然后以 $25cm^2/min$ 的速率通入 NH_3 气（纯度 99.999%）保温 40min，最终在硅衬底上得到了浅黄色带状结构样品，如图 1-16 所示。

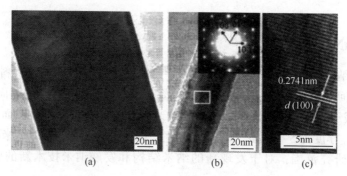

图 1-16　GaN 纳米带的 TEM 图像

1.7.5　类石墨烯－GaN 单层纳米片

石墨烯的发现为纳米电子学和纳米材料的发展提供了新的机遇，已经在世界范围内激起了对二维纳米材料的研究热情。石墨烯是一种神奇的材料，单原子层蜂窝状六角晶格赋予其很多非同寻常的性质。由于电子受限效应，石墨烯具有非常高的室温电子迁移率并且表现出室温量子霍尔效应，另外还有高热导率、高击穿电流密度、高力学强度和高比表面积等性质。最近研究表明，石墨烯在很多领域都有潜在应用：比如场效应晶体管、锂离子电池、超级电容器和复合材料等。受石墨烯研究的激励，人们开始投入大量的精力制备非碳二维纳米材料，其中单层六角氮化镓与石墨烯结构相似，逐渐受到了理论和实验研究者的广泛关注。

六角氮化镓是 Ⅲ-Ⅴ 化合物，具有与石墨类似的层状结构，层与层之间通过弱的范德瓦尔斯力结合。在每个层内，单层六角氮化镓的结构与石墨烯相似，但是六角蜂窝状晶格由镓和氮原子交替排列构成。石墨(石墨烯)的电学性质为金属性(准金属)，但是六角氮化镓是间接带隙绝缘体(带隙约为 1.95 eV)。单层六角氮化镓具有很强的平面 sp^2 共价键，因此其力学强度和热导率与石墨烯相似。

六角氮化镓纳米薄膜的合成技术目前还非常不成熟，因此与石墨烯相比，六角氮化镓薄膜的相关研究还非常少，人们对其基本性质和潜在应用还缺乏深入、系统的了解。Freeman 等人预测，当 GaN 纳米片为超薄薄膜的形式时，其转变为二维平面类石墨烯的结构。理论研究表明，GaN 单层片可以形成二维稳定的纳米结构。纯的 GaN 单层纳米片是一个具有二维平面、非极性、原子厚度和 D_{3h} 对称结构的薄膜，计算的键长为 1.87Å，如图 1-17 所示。自旋极化计算表明，GaN 单层纳米片是非磁性半导体，并具有 2.19eV 间接带隙，如图 1-18 所示。

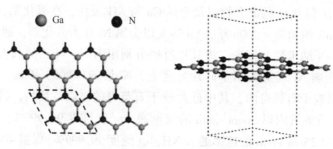

图 1-17　GaN 纳米片的俯视和侧视结构图

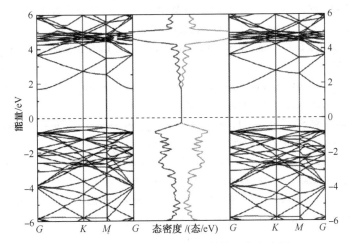

图 1-18　GaN 纳米片的能带结构和态密度图

注：左右两边的能带图分别代表自旋向上和向下，中间图为态密度图，费米能级被设置为零并由水平虚线表示。

参 考 文 献

1　施利毅．纳米材料［M］．上海：华东理工大学出版社，2007：1．

2　倪星元，沈军，张志华．纳米材料的理化特性与应用［M］．北京：化学工业出版社，2006：51~55．

3　张立德，牟季美．纳米材料和纳米结构［M］．北京：科学出版社，2001：27~48．

4　许并社．纳米材料及应用技术［M］．北京：化学工业出版社，2004：15．

5　Warnock J，Awschalom D D．Quantum Size Effects in Simple Colored Glass ［J］．Condens Matter，1985，32（8）：5529~5531．

6　Kroto H W，Heath J R．C_{60}：Buckminster Fullerence ［J］．Nature，1985，318：162~163．

7　IijimaS，Helical．Microtubules of Graphitic Carbon ［J］．Nature，1991，354：56~58．

8　Kratschmer W，Lamb L D，Fòrtirpoulos K，et al．Solid C_{60}：A New Form of Carbon ［J］．Nature，1990，347：354~358．

9　Ebbesen T W，Ajaya P M．Large-Scale Synthesis of Carbon Nanotubes ［J］．Nature，1992，358：220~222．

10　Iijiama S，Ichihashi T．Single-Shell Carbon Nanotubes of 1-nm Diameter ［J］．Nature，1993，363：603~605．

11　Bethune D S，Kiang C H，de Vries M S，et al．Cobalt-Catalysed Growth of Carbon Nanotubes with Single-A-tomic-Layer Walls ［J］．Nature，1993，363：605~607．

12　Rinzler A C，Hafner J H，Nikolaev P，et al Unraveling Nanotubes：Field Emission from an Atomic Wire ［J］．Science，1995，269：1550~1553．

13　Thess A，Lee R，Smalley R E．Crystalline Ropes of Metallic Carbon Nanotubes ［J］．Science，1996，273：483~487．

14　Liu C，Cong H T，Li F，et al．Semi-Continuous Synthesis of Single-Walled Carbon Nanotubes by a Hydrogen Arc Discharge Method ［J］．Carbon，1999，37（11）：1865~1868．

15　Sun L F，Xie S S，Liu W，et al．Materials：Creating the Narrowest Carbon Nanotubes ［J］．Nature，2000，403：384~386．

16　Peng L M，Zhang Z L，Xue Z Q，et al，．Stability of Carbon Nanotubes：How Small Can They Be? ［J］．Phys．Rev．Lett．，2000，85（15）：3249~3252．

17　Zhao X，Liu Y，Inoue S，et al．Smallest Carbon Nanotube is 3Å in Diameter ［J］．Phys．Rev．Lett．，2004，92（12）：125502~125504．

18　成会明．纳米碳管：制备、结构、物性及应用［M］．北京：化学工业出版社，2002．

19　朱宏伟，吴德海，徐才录．碳纳米管［M］．北京：机械工业出版社，2003．

20　Saito R, Dresselhaus G, Dresselhaus M S. Physical Properties of Carbon Nanotubes［M］. London：Imperial College Press, 1998.

21　Dai H, Wong E W, Lieber C M. Probing Electrical Transport in Nanomaterials：Conductivity of Individual Carbon Nanotubes［J］. Science, 1996, 272：523～526.

22　De Heer W A, Bacsa W S, Chatelain A, et al. Aligned Carbon Nanotubes Films：Production and Optical and Electrical Properties［J］. Science, 1995, 268：845～847.

23　Huang Y H, Okada M, Tanaka K, et al. Estimation of Superconducting Transition Temperature in Metallic Carbon Nanotubes［J］. Phys. Rev. B, 1996, 53(9)：5129～5132.

24　Murakami Y, Shibata T, Okuyama K, Arai T, et al. Structural, Magnetic and Superconducting Properties of Graphite Nanotubes and Their Encapsulation Compounds［J］. J. Phys. Chem. Solids, 1993, 54(12)：1861～1870.

25　Artacho E, Anglada E, Diéguez O, et al. The SIESTA Method：Developments and Applicability［J］. J. Phys.：Condens. Matter, 2008, 20：064208～064216.

26　Pederson M R, Broughton J Q. Nanocapillarity in Fullerene Tubules［J］. Phys. Rev. Lett., 1992, 69(18)：2689～2692.

27　Ni M Y, Zeng Z, Ju X. First-Principles Study of Metal Atom Adsorption on the Boron-Doped Carbon Nanotubes［J］. Chem. Phys. Lett., 2009, 469(1～3)：145～148.

28　Anna Stafiej, Krystyna Pyrzynska. Adsorption of Heavy Metal Ions with Carbon Nanotubes［J］. Sep. Purif. Technol, 2007, 58(1)：49～52.

29　Li Y H, Hung T H, Chen C W. A first-Principles Study of Nitrogen and Boron-Assisted Platinum Adsorption on Carbon Nanotubes［J］. Carbon, 2009, 47(3)：850～855.

30　Chen G X, Zhang J M, Wang D D, et al. First-Principles Study of Palladium Atom Adsorption on the Boron- or Nitrogen-Doped Carbon Nanotubes［J］. Physica B, 2009, 404(21)：4173～4177.

31　Meunier V, Kephart J, Roland C, et al. Ab Initio Investigations of Lithium Diffusion in Carbon Nanotube Systems［J］. Phys. Rev. Lett., 2002, 88(7)：075506-4.

32　Zhao J J, Buldum A, Jie H, et al. First-Principles Study of Li-Intercalated Carbon Nanotube Ropes［J］. Phys. Rev. Lett. 2000, 85(8)：1706～1709.

33　Chen P, Wu X, Lin J, Tan K L. High H_2 Uptake by Alkali-Doped Carbon Nanotubes under Ambient Pressure and Moderate Temperatures［J］. Science, 1999, 285(5424)：91～93.

34　Ellison M D, Crotty M J, Koh D, et al. Adsorption of NH_3 and NO_2 on Single-Walled Carbon Nanotubes［J］. J. Phys. Chem B, 2004, 108：7938-7943.

35　Liu H J, Zhai J P, Chan C T, et al. Adsorption of O_2 on a (4, 2) Carbon Nanotube［J］. Nanotechnology, 2007, 18：065704-6.

36　Durgun E, Jang Y R, Ciraci S. Hydrogen Storage Capacity of Ti-Doped Boron-Nitride and B/Be-Substituted Carbon Nanotubes［J］. Phys. Rev. B, 2007, 76(7)：073413～073416.

37　Liu J, Rinzler A G, Dai H, et al. Fullerene Pipes［J］. Science, 1998, 280：1253～1256.

38　Chen J, M. Hamon A, Hu H, et al. Solution Properties of Single-Walled Carbon Nanotubes［J］. Science, 1998, 282：95～98.

39　Ball P. Roll up for the Revolution［J］. Nature, 2001, 414：142～144.

40　Ye Y, Ahn C C, Witham C. Hydrogen in Sigle-Walled Carbon Nanotubes［J］. Appl. Phys. Lett., 1999, 74(16)：2307～2309.

41　Liu C, Fan Y Y, Liu M, et al. Hydrogen Storage in Single-Walled Carbon Nanotubes at Room Temperature [J]. Science, 1999, 286: 1127~1136.

42　Dai H J, Wong E W, Lu Y Z, et al. Synthesis and Characterization of Carbide Nanorods [J]. Nature, 1995, 375: 769~772.

43　Han W Q, Fan S S, Li Q Q, et al. Synthesis of Gallium Nitride Nanorods through a Carbon Nanotube-Confined Reaction [J]. Science, 1997, 277(5330): 1287~1289.

44　Niu C, Sickel E K, Hoch R, et al. [J]. Appl. Phys. Lett., 1997, 70: 1480~1482.

45　Baughman R H, Cui C, Zakhidov A A, et al. Carbon Nanotube Actuators [J]. Science, 1999, 284: 1340~1344.

46　Baughman R H, Zakhidov A A. Carbon Nanotubes-the Route Toward Applications [J]. Seience, 2002, 297: 787~792.

47　Tans S J, Verschueren A R M, Dekker C. Room-Temperature Transistor Based on a Single Carbon Nanotube [J]. Nature, 1998, 393: 49~52.

48　Martel R, Schmidt T, Shea H R, et al. Single- and Multi-Wall Carbon Nanotube Field-Effect Transistors [J]. Appl. Phys. Lett., 1998, 73: 2447~2449.

49　Bachtold A, Haddley P, Nakanishi T, et al. Logic Circuits with Carbon Nanotube Transistors [J]. Science, 2001, 294: 1317~1320.

50　Dai H, Hafner J H, Rinzler A G, et al. Nanotubes as Nanoprobes in Scanning Probe Microscopy [J]. Nature, 1996, 384: 147~151.

51　Kong J, Franklin N R, Zhou C, et al. Nanotube Molecular Wires as Chemical Sensors [J]. Science, 2000, 287: 622~625.

52　Li W, Liang C, Qiu J, et al. Carbon Nanotubes as Support for Cathode Catalyst of a Direct Methanol Fuel Cell [J]. Carbon, 2002, 40(5): 791~794.

53　Tsang S C. A Simple Chemical Method of Opening and Filling Carbon Nanotubes. [J]. Nature, 1994, 372: 159~162.

54　Lago R M. Filling Carbon Nanotubes with Small Palladium Metal Crystallites: the Effect of Surface Acid Groups [J]. Chem. Commu., 1995, 13: 1355~1356.

55　Journet C, Maser W K, Bernier P, et al. Large-Scale Production of Single-Walled Carbon Nanotubes by the Electric-Arc Technique [J]. Nature, 1997, 388: 756~758.

56　Dai H J, Rinzler A G, Nikolaev P. Single-Wall Nanotubes Produced by Metal-Catalyzed Disproportionation of Carbon Monoxide [J]. Chem. Phys. Lett. 1996, 260(3-4): 471~475.

57　Cheng H M, Li F, Su G, et al. Large-Scale and Low-Cost Synthesis of Single-Walled Carbon Nanotubes by the Catalytic Pyrolysis of Hydrocarbons [J]. Appl. Phys. Lett., 1998, 72: 3282~3284.

58　Cheng H M, Li F, Sun X. Bulk Morphology and Diameter Distribution of Single-Walled Carbon Nanotubes Synthesized by Catalytic Decomposition of Hydrocarbons [J]. Chem. Phys. Lett., 1998, 289(5~6): 602~610.

59　Fonseca A, Hernadi K. Synthesis of Single- and Multi-Wall Carbon Nanotubes over Supported Catalysts [J]. Appl. Phys. A, 1998, 67: 11~22.

60　Novoselov K S, Geim A K, Morozov S V, et al. Electric Field Effect in Atomically Thin Carbon Films, [J]. Science, 2004, 306(5696): 666~669.

61　Meyer J C, Geim A K, Katsnelson M I, et al. The Structure of Suspended Graphene Sheets [J]. Nature, 2007, 446: 60~63.

62　Yang Q H, Lu W, Yang Y G, et al. Free Two-Dimensional Carbon Crystal: Single-Layer Grapheme [J]. New Carbon Mater, 2008, 23(2): 97~103.

63 Sungjin P, Rodney S. R. Chemical Methods for the Production of Graphenes [J]. Nature Nanotechnology, 2009, 4: 217~224.

64 李旭, 赵卫峰, 陈国华. 石墨烯的制备与表征研究[J]. 材料导报 2008, 22(8): 48~52.

65 Berger C, Song Z M, Li X B, et al. Electronic Confmeinent and Coherence in Patterned Epitaxial Graphene [J]. Science, 2006, 312: 1191~1196.

66 De Heer W A, Berger C, Wu X S, et al. Epitaxial Grapheme [J]. Solid State Commun. , 2007, 143(1~2): 92~100.

67 Lee C, Wei X, Kysar J W, et al. Measurement of the Elastic Properties and Intrinsic Strength of Monolayer Grapheme [J]. Science, 2008, 321: 385~388.

68 Geim A K, Novoselov K S. The Rise of Grapheme [J]. Nature Materials, 2007, 6: 183~191.

69 Wakabayashi K, Fujita M, Ajiki H, et al. Electronic and Magnetic Properties of Nanographite Ribbons [J]. Phys. Rev. B, 1999, 59(12): 8271~8282.

70 Ezawa M. Peculiar Width Dependence of the Electronic Properties of Carbon Nanoribbons [J]. Phys. Rev. B, 2006, 73(4): 045432-8.

71 Nakamura S. The Roles of Structural Imperfections in In GaN-Based Blue Light-Emitting Diodes and Laser Diodes [J]. Science, 1998, 281(14): 956~961.

72 Han W Q, Fan S S, Li Q Q, et al. Synthesis of Gallium Nitride Nanorods through a Carbon Nanotube-Confined Reaction [J]. Science, 1997, 277(29): 1287~1289.

73 Pearton S J, Ren F. GaN Electronics [J]. Adv Mater, 2000, 12(21): 1571~1580.

74 Leszczynski M, Suski T, Perlin P, et al. Lattice Constants, Thermal Expansion and Compressibility of Gallium Nitride [J]. J. Phys. D, 1995, 28: A149~A153.

75 Lee S M, Lee Y H, Hwuang Y G, et al. Stability and Electronic Structure of GaN Nanotubes from Density-Functional Calculations [J]. Phys. Rev. B, 1999, 60(11): 7788~7791.

76 Jeng Y R, Tsai P C, Fang T H. Molecular Dynamics Investigation of the Mechanical Properties of Gallium Nitride Nanotubes under Tension and Fatigue [J]. Nanotechnology, 2004, 15(12): 1737~1744.

77 Hao S G, Zhou G, Wu J, et al. Spin-Polarized Electron Emitter: Mn-Doped GaN Nanotubes and their Arrays [J]. Phys. Rev. B, 2004, 69(11): 113403~113407.

78 Zhang M, Su Z M. , Yan L K, et al. Theoretical Interpretation of Different Nanotube Morphologies among Group III (B, Al, Ga) Nitrides [J]. Chem. Phys. Lett. , 2005, 408(1~3): 145~149.

79 Hu J Q, Bando Y, Golberg D, et al. Gallium Nitride Nanotubes by the Conversion of Gallium Oxide Nanotubes [J]. Angew. Chem. Int. Ed. , 2003, 42(30): 3493~3497.

80 Goldberger J, He R R, Zhang Y F, et al. Single-Crystal Gallium Nitride Nanotubes [J]. Nature, 2003, 422: 599~602.

81 Jung W G, Jung S H, Kung P, et al. Fabrication of GaN Nanotubular Material Using MOCVD with Aluminum Oxide Membrane [J]. Nanotechnology, 2006, 17(1): 54~59.

82 Hung S C, Su Y K, Chang S J, et al. Nanomeasurement and Fractal Analysis of PZT Ferroelectric Thin Films by Atomic Force Microscopy [J]. Microelec. Eng. , 2003, 65: 406~415.

83 Hu J Q, Bando Y, Zhan J H, et al. Growth of Single-Crystalline Cubic GaN Nanotubes with Rectangular Cross-Sections [J]. Adv. Mater. , 2004, 16(6): 1465~1468.

84 Dong L, Yadav S K, Ramprasad R, et al. Band Gap Tuning in GaN through Equibiaxial in-Plane Strains [J]. Appl. Phys. Lett. , 2010, 96(20): 202106.

85 Fang D Q, Rosa A L, Frauenheim T, et al. Band Gap Engineering of GaN Nanowires by Surface Functionalization [J]. Appl. Phys. Lett. , 2009, 94(7): 073116.

86　Dhara S, Datta A, Wu C T, et al. Hexagonal-to-Cubic Phase Transformation in GaN Nanowires by Ga⁺ Implantation [J]. Appl. Phys. Lett. , 2004, 84(26): 5473~5476.

87　Simpkins B S, Ericson L M, Stroud R M, et al. Gallium-Based Catalysts for Growth of GaN Nanowires [J]. J. Cryst. Growth, 2006, 290(1): 115~120.

88　Xu B S, Zhai L Y, Liang J, et al. Synthesis and Characterization of High Purity GaN Nanowires [J]. J. Cryst. Growth, 2006, 291(1): 34~39.

89　Kipshidze G, Yavich B, Chandolu A, et al. Controlled Growth of GaN Nanowires Pulsed Metalorganic Chemical Vapor Deposition [J]. Appl. Phys. Lett. , 2005, 86(3): 033104.

90　Peng h Y, Wang N, Zhou X T, et al. Control of Growth Orientation of GaN Nanowires [J]. Chem. Phys. Lett. , 2002, 359(3~4): 241~245.

91　Duan X F, Lieber C M. Laser-Assisted Catalytic Growth of Single Crystal GaN Nanowires [J]. J. Am. Chem. Soc. 2000, 122(1): 188~189.

92　Chen X L, Li J Y, Cao Y G, et al. Straight and Smooth GaN Nanowires [J]. Adv, Mater. , 2000, 12(19): 1432~1434.

93　Li J Y, Chen X L, Cao Y G, et al. Raman Scattering Spectrum of GaN Straight Nanowires [J]. Appl. Phys. A, 2000, 71(3): 345~346.

94　Chen C C, Yeh C C. Large-Scale Catalytic Synthesis of Crystalline Gallium Nitride Nanowires [J]. Adv. Mater. 2000, 12(10): 738~741.

95　Pan Z W, Dai Z R, Wang Z L. Nanobelts of Semiconducting Oxides [J]. Science, 2001, 291: 1947~1949.

96　Li Z J, Chen X L, Li H J, et al. Synthesis and Raman Scattering of GaN Nanorings, Nanoribbons and Nanowires [J]. Appl Phys A, 2001, 72(5): 629~632.

97　Bae S Y, Seo H W, Park J, et al. Synthesis and Structure of Gallium Nitride Nanobelts [J]. Chem Phys Lett, 2002, 365(5~6): 525~529.

98　Xu B S, Yang, D, Wang, F, et a1. Synthesis of Large-Scale GaN Nanobelts by Chemical Vapor Deposition [J]. Appl. Phys. Lett. , 2006, 89(7): 074106.

99　Balandin A A, Ghosh S, Bao W, et al. Superior Thermal Conductivity of Single-Layer Grapheme [J]. Nano Lett, 2008, 8(3): 902~907.

100　Murali R, Yang Y, Brenner K, et al. Breakdown Current Density of Graphene Nanoribbons [J]. Appl Phys Lett, 2009, 94(24): 243114.

101　Stoller M D, Park S, Zhu Y, et al. Graphene-Based Ultracapacitors [J]. Nano Lett, 2008, 8(10): 3498~3502.

102　Li X, Wang X, Zhang L, et al. Chemically Derived, Ultrasmooth Graphene Nanoribbon Semiconductors [J]. Science, 2008, 319(5867): 1229~1232.

103　Lin Y M, Dimitrakopoulos C, Jenkins K A, et al. 100-GHz Transistors from Wafer-Scale Epitaxial Grapheme [J]. Science, 2010, 327(5966): 662.

104　Yoo E, Kim J, Hosono E, et al. Large Reversible Li Storage of Graphene Nanosheet Families for Use in Rechargeable Lithium Ion Batteries [J]. Nano Lett, 2008, 8(8): 2277~2282.

105　Stankovich S, Dikin D A, Dommett G H B, et al. Graphene-Based Composite Materials [J]. Nature, 2006, 442(7100): 282~286.

106　Chen Q, Hu H, Chen X J, et al. Tailoring Band Gap in GaN Sheet by Chemical Modification and Electric Field: Ab Initio Calculations [J]. Appl. Phys. Lett. , 2011, 98(5): 053102.

107　Freeman C L, Claeyssens F, Allan N L, et al. Graphitic Nanofilms as Precursors to Wurtzite Films: Theory [J]. Phys. Rev. lett. , 2006, 96(6): 066102.

108 Şahin H, Cahangirov S, Topsakal M, et al. Monolayer Honeycomb Structures of Group-Ⅳ Elements and Ⅲ-Ⅴ Binary Compounds: First-Principles Calculations [J]. Phys. Rev. B, 2009, 80(15): 155453.

109 Xia C X, Peng Y T, Wei S Y, et al. The Feasibility of Tunable P-Type Mg Doping in a GaN Monolayer Nanosheet [J]. Acta Materialia, 2013, 61(20): 7720~7725.

第2章 理论计算基础

2.1 第一性原理理论基础

2.1.1 引言

20 世纪初建立起来的量子力学是关于微观客体，即分子、原子、电子等大小在 10^{-10} m 数量级左右的物体运动规律的理论。量子力学理论深入到微观的电子层次，成为人们认识微观世界，揭示宏观物理现象的微观物理本质的强有力工具。以量子力学为基础，现代科学（如统计物理、固体物理、量子化学、计算科学等）理论的飞速发展结合高速发展的计算技术，已分别建立起计算物理学、计算材料科学和量子化学等分支学科，对物理学、化学和材料科学的发展起着极大的推动作用。

材料设计与计算已成为现代材料科学中最为活跃的一个重要分支。近些年来，随着高性能计算机的发展，计算方法、计算软件都有了非常大的突破，促进了计算材料学与材料设计这一新兴学科的快速发展。材料计算与设计要求首先具有"前瞻性"；其次能在更广泛的范围内进行创新探索，即具有"创新性"；然后是可减少或代替实验工作。在进行材料模拟计算时，首先要根据基本物理理论建立物理模型，进而从具体的模型出发，建立描述其内部相互作用的势模型，并构造势函数，最终通过势函数预测模型所具有的属性。

有关金属和共价材料的计算模拟方法有多种，包括经验势方法、半经验的紧束缚方法以及第一性原理方法等。如何正确描述原子之间相互作用对模拟的准确性起着决定性的作用。经验势方法是使用经验函数和拟合参数来描述原子之间的相互作用。其优点是形式较为简单，可以用于处理大量原子所组成体系，缺点是由于方法中不涉及量子力学的形式，因此，无法描述体系的电子结构以及量子效应。最为基本的处理原子间相互作用的方法是第一性原理方法，它是不使用任何经验参数、完全基于量子力学原理的算法。其优点是可以精确地描述体系的电子状态，得到体系电子结构的信息，但是计算量大。随着第一性原理方法的不断发展和改进，以及计算机性能的迅速提高，第一性原理方法逐步取代经验和半经验方法，成为电子结构等物理性质计算的主流方法。紧束缚方法是介于上述两种方法之间的一种半经验方法，它在保持了量子力学公式的同时，引入了经验参数来降低算法的计算量，紧束缚方法的精度不如第一性原理方法。

基于密度泛函理论的计算又被叫做第一性原理（First-Principles）计算，习惯上称为第一原理。第一性原理是一个关于计算物理和计算化学的专业名词，它有广义和狭义之分。广义的第一性原理指的是基于量子力学原理的计算，即根据原子核和电子的相互作用原理计算分子（或离子）的结构和能量，然后进而计算物质的各种性质；狭义的第一性原理，常指基于量子力学理论，仅需采用几个基本物理常数：m_0、e、h、c、k_B 等，而不依赖任何经验参数或者半经验参数即可合理预测微观体系的状态和性质。第一性原理计算有着经验方法或者半经验方法不可比拟的优势，因为它只需要知道组成微观体系各元素的原子序数，而不需要任何其他可调(经验和拟合)参数，就可以应用量子力学来计算出该微观体系的总能量、电子结构等物理性质。第一性原理计算的基本出发点是求解多粒子系统的薛定谔方程。多粒子之间存在着复杂的相互作用，只有采取合理的简化和近似处理，才能进行有效的计算。随着计算机技术的高速发展，以第一性原理计算为代表的计算材料科学，已经在材料设计、物性研究方面发挥着越来越重要的作用。

用第一性原理计算组成固体的多粒子系统 Schrödinger 方程的基本思路如图 2-1 所示：

(1) 在 Born-Oppenheimer 绝热近似的基础上，考虑电子运动时，认为原子核固定在其瞬时位置上，从而将多种粒子的多体问题转化为多电子问题。

(2) 通过 Hartree-Fock 近似或密度泛函理论将这样一个多电子的问题转化为单电子的问题，即把多粒子系统中的电子运动看成是每个电子在其余电子的平均势场作用下运动，从而将一个多电子的 Schrödinger 方程转化为形式上是单电子方程。

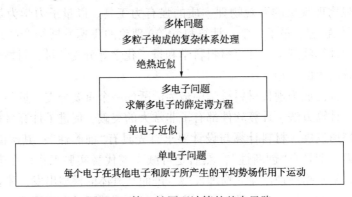

图 2-1　第一性原理计算的基本思路

2.1.2　多粒子系统的 Schrödinger 方程

由于电子的行为通常左右了材料大部分的性能，而对固体材料电子层次的研究首先要清楚它的电子结构。第一性原理对多粒子体系电子结构的计算可以通过求解定态 Schrödinger 方程(也称为不含时 Schrödinger 方程)得到：

$$\hat{H}\psi(\vec{r}, \vec{R}) = E\psi(\vec{r}, \vec{R}) \tag{2-1}$$

以后用 r 表示所有电子坐标 $\{\vec{r_i}\}$ 的集合；用 R 表示所有原子核坐标 $\{\vec{R_i}\}$ 的集合。如不考虑其他外场的作用，哈密顿量应包括组成固体的所有粒子(原子核和电子)的动能和这些粒子之间的相互作用能，形式上写成：

$$\hat{H} = \hat{H}_e + \hat{H}_N + \hat{H}_{e\text{-}N} \tag{2-2}$$

这里

$$\hat{H}_e(\vec{r}) = \hat{T}_e(\vec{r}) + \hat{V}_e(\vec{r}) = -\sum_i \frac{\hbar^2}{2m}\nabla_{r_i^2} + \frac{1}{8\pi\varepsilon_0}\sum_{i, i'}{}' \frac{e^2}{|\vec{r_i} - \vec{r_{i'}}|} \tag{2-3}$$

其中，第一项为电子的动能；第二项为电子与电子间的库仑相互作用能，求和遍及所有除 $i = i'$ 外的所有电子；m 是电子质量。而

$$\hat{H}_\mathrm{N}(\vec{R}) = \hat{T}_\mathrm{N}(\vec{R}) + \hat{V}_\mathrm{N}(\vec{R}) = -\sum_j \frac{\hbar^2}{2m_j}\nabla^2_{R_j} + \frac{1}{2}\sum_{j,\,j'}{}' V_\mathrm{N}(\vec{R}_j - \vec{R}_{j'}) \qquad (2-4)$$

这里，第一项为原子核的动能；第二项为原子核间的相互作用能，求和遍及除 $j = j'$ 外的所有原子核；m_j 是第 j 个核的质量。我们没有给出原子核间的相互作用能的具体形式，只是假定它与两核之间的位矢差 $\vec{R}_j - \vec{R}_{j'}$ 有关。电子和原子核的相互作用能在形式上可写成：

$$\hat{H}_{\mathrm{e-N}}(\vec{r},\ \vec{R}) = -\sum_{i,\,j} V_{\mathrm{e-N}}(\vec{r}_i - \vec{R}_j) \qquad (2-5)$$

但实际上，除个别极简单的情况（如氢分子）外，物体中电子和核的数目通常达到 $10^{24}/\mathrm{cm}^3$ 的数量级，再加上如此多的粒子之间难以描述的相互作用，显然直接求解定态 Schrödinger 方程是不现实的。因此，人们针对材料的特点作出了合理的简化和近似。严格意义上的第一性原理引入了 3 个近似处理，即非相对论近似、Born-Oppenheimer 近似和 Hartree-Fork 近似。通常采用的基于第一性原理的电子结构计算方法有 Hartree-Fock 方法和密度泛函理论等。

2.1.3　非相对论近似

对于大质量或高速运动的物体，必须用相对论来描述它们的运动规律。在第一性原理计算中，需要处理的微观客体都具有很小的质量，对于大多数原子及其内部的电子，采用非相对论近似可以在很大程度上描述它们的运动性质。然而，对于重原子来说，相对论效应对原子及由其构成的分子的物理、化学性质有实质的影响，必须考虑相对论效应的影响。

在第一性原理计算中，可以将相对论效应直接包含在缀加函数中。此外，还可以在赝势中直接包含相对论效应。在后一种方法里面，只需要在生成赝势时对原子进行相对论计算，再将包含相对论效应的赝势应用于非相对论薛定谔方程的求解即可。

2.1.4　Born-Oppenheimer 绝热近似

在 $\hat{H}_\mathrm{e}$ 中，只出现电子坐标 $\vec{r}$；而在 $\hat{H}_\mathrm{N}$ 中，只出现原子核坐标 $\vec{R}$；只有在电子和原子核相互作用项 $\hat{H}_{\mathrm{e-N}}$ 中，电子坐标和原子核坐标才同时出现。简单地略去该项是不合理的，因为它与其他的相互作用是同一数量级。但还是有可能将原子核的运动和电子的运动分开考虑，其理由是电子的质量要比原子核的质量小得多，故其运动速度远大于原子核运动速度，即电子处于高速运动中，原子核只是在它们的平衡位置附近热振动，且仅能缓慢地跟上电子分布的变化。基于这一特性，将整个问题分成两部分考虑：考虑电子运动时，可以认为原子核固定在它们振动运动的某一瞬时位置上；考虑核的运动时，则不考虑电子的空间分布。这样一来，就可将电子与原子核的运动分开处理。以上这就是玻恩（M. Born）和奥本海默（J. E. Oppenheimer）提出的绝热近似，或称玻恩-奥本海默近似。

则在这个近似下多粒子系统的 Schrödinger 方程（2-1），其解可写成：

$$\Psi_n(\vec{r},\ \vec{R}) = \sum_n \chi_n(\vec{R}) \Phi_n(\vec{r},\ \vec{R}) \qquad (2-6)$$

式（2-6）表示的就是绝热近似：第一个因子 $\chi_n(\vec{R})$ 描写原子核的运动；第二个因子 $\Phi_n(\vec{r},\ \vec{R})$ 描写电子运动，电子运动时原子核固定其瞬时位置。核的运动不影响电子的运动，即电子是绝热于核的运动。

通过绝热近似，把电子的运动与原子核的运动分开，可得多电子体系的 Schrödinger 程：

$$\left[-\sum_i \nabla^2_{r_i} + \sum_i V(\vec{r}_i) + \frac{1}{2} \sum_{i,j} \frac{1}{|\vec{r}_i - \vec{r}_j|} \right] \Psi = \sum_i \hat{H}_i + \sum_{i,i'} \hat{H}_{i,i'} = E\Psi \quad (2-7)$$

这里采用的是原子单位：$e^2 = 1$，$\hbar = 1$，$2m = 1$，为了方便起见，式(2-7)可写成单粒子算符（$\hat{H}_i$）和双粒子算符（$\hat{H}_{i,i'}$）的形式。求解这个方程的困难在于电子之间的相互作用项 $\hat{H}_{i,i'}$。假定没有该项，那么多电子问题就可变成单电子问题，即只需要研究电子在具有确定位置的核所产生的平均势场中的运动，问题得到了进一步地简化。但由于体系中有大量的电子，他们在平均势场中的运动依然是一个非常复杂的多体问题，相对应的 Schrödinger 方程依然是一个多体 Schrödinger 方程，所以需要进一步对它进行简化，以便得到更为简单的单电子的 Schrödinger 方程。

2.1.5　Hartree–Fock 近似

Hartree-Fock 近似，又叫单电子近似。对于式(2-7)所示的多电子 Schrödinger 方程，严格求解一般是不可能的。因为在采用绝热近似后，简化的总电子 Hamilton 量中含有电子间的相互作用项 $\hat{H}_{i,i'}$，不能分离变量。假定没有 $\hat{H}_{i,i'}$ 项，那么多电子问题就可变为单电子问题，即可用互不相关的单个电子在给定势场中的运动来描述。这时，多电子 Schrödinger 方程简化为：

$$\sum_i \hat{H}_i \Psi = E\Psi \quad (2-8)$$

Hartree 引入了单电子近似，即把体系中每一个电子看成是在其他电子和核所形成的平均势场中作独立的运动，也称为独立电子模型。由于各单电子波函数彼此是独立的，于是 N 个电子体系的总波函数可写成 N 个单电子波函数的乘积，即

$$\Psi(\vec{r}) = \psi_1(\vec{r}_1)\psi_2(\vec{r}_2), \cdots, \psi_N(\vec{r}_N) \quad (2-9)$$

这种形式的波函数称为 Hartree 波函数。将式(2-9)代入式(2-8)后分离变量，并令 $E = \sum_i E$ 可得到单电子方程：

$$\hat{H}_i \Psi_i(\vec{r}_i) = E_i \Psi_i(\vec{r}_i) \quad (2-10)$$

将式(2-9)代入基本方程式(2-7)，利用多电子系统总能量对试探单电子波函数的变分求极小，得到单电子方程即著名的 Hartree 方程：

$$\left[-\nabla^2 + V(\vec{r}) + \sum_{i(\neq j)} \int d\vec{r}' \frac{|\psi_i(\vec{r}')|^2}{|\vec{r} - \vec{r}'|} \right] \psi_i(\vec{r}) = E_i \psi_i(\vec{r}) \quad (2-11)$$

它描写了 $\vec{r}$ 处单个电子在晶格势 $V(\vec{r})$ 和其他所有电子的平均势中的运动，$\sum_{i(\neq j)} \int d\vec{r}' \frac{|\psi_i(\vec{r}')|^2}{|\vec{r} - \vec{r}'|}$ 算符项又称为 Hartree 项。这是一个势场算符，代表其他电子（$i \neq j$）共同产生的一个"合"平均场。

虽然 Hatree 波函数中每个电子的量子态不同，满足泡利不相容原理，但没有考虑到电

子交换反对称性, 没有将电子的 Fermi 子性质考虑进去。于是, Fock 提出了改进型的试探波函数, 将多电子体系的波函数用单电子波函数的 Slater 行列式表示:

$$
\Psi = \frac{1}{\sqrt{N!}} \begin{vmatrix} \psi_1(r_1, s_1) & \psi_2(r_1, s_1) & \cdots & \psi_N(r_1, s_1) \\ \psi_1(r_2, s_2) & \psi_2(r_2, s_2) & \cdots & \psi_N(r_2, s_2) \\ \cdots & \cdots & \cdots & \cdots \\ \psi_1(r_N, s_N) & \psi_2(r_N, s_N) & \cdots & \psi_N(r_N, s_N) \end{vmatrix} \tag{2-12}
$$

同样, 将式(2-12)代入基本方程式(2-7), 求总能量对试探单电子波函数的泛函变分, 得到著名的 Hartree-Fock 方程:

$$
\left[-\nabla^2 + V(\vec{r}) + \sum_{i(\neq j)} \int d\vec{r}' \frac{|\psi_i(\vec{r}')|^2}{|\vec{r} - \vec{r}'|} - \sum_{i(\neq j)} \int d\vec{r}' \frac{\psi_i^*(\vec{r}')\psi_i(\vec{r}')}{|\vec{r} - \vec{r}'|} \right] \psi_i(\vec{r}) = E_i \psi_i(\vec{r})
$$

$$\tag{2-13}$$

相对于 Hartree 方程, Hartree-Fock 方程多出了一项, 该项称为交换相互作用项, 它包含了电子与电子的交换相互作用。这样, 一个多电子的 Schrödinger 方程通过绝热近似和 Hartree-Fock 近似简化为单电子有效势方程。Hartree-Fock 方法是量子化学的一个基本方法, 它可以给出较为精确的计算结果。但是在 Hartree-Fock 方程中没有考虑相对论效应和自旋反平行电子间的排斥相互作用, 即电子的关联相互作用, 这使得 Hartree-Fock 方法并不能得到体系的精确解, 而且粒子数较多时将导致计算量过大而无法在实际中应用。Thomas 和 Fermi 几乎和 Hatree 在同一时间提出了另一种多体问题的解决办法, 即将电子密度作为问题的基本变量, 进而得到关于电子密度的微分方程。最初的 Thomas-Fermi 近似并没有很好地处理电子之间的多体效应, 因而比较粗糙, 甚至无法正确处理化学键。然而, 它却为后来发展起来的密度泛函理论奠定了基础。在过去的 20 多年里, 密度泛函理论已经成为计算材料科学领域内电子结构计算的最常用方法。

2.2 密度泛函理论

密度泛函理论是多粒子系统基态研究的重要方法, 它不但给出了将多电子问题简化为单电子问题的理论基础, 也成为分子和固体的电子结构和总能量计算的有力工具。密度泛函理论是由考虑到电子相关作用的 Thomas-Fermi 模型经过 Hobenberg 和 Kohn 等人的工作发展而成的, 后经 Kohn 和 Sham(沈吕九)改进得到了电子密度泛函理论中的单电子方程, 即著名的 Kohn-Sham 方程, 使得密度泛函理论得以实际应用。经过几十年的发展, 密度泛函理论体系及其数值计算方法都有了很大的发展, 这使得密度泛函理论被广泛地应用在化学、物理、材料和生物等学科中。Kohn 因为对密度泛函理论的贡献获得了 1998 年的诺贝尔化学奖。

2.2.1 Thomas-Fermi 模型

1927 年和 1928 年, Thomas 和 Fermi 采用统计方法求出重原子中的电子分布, 假设原子中由核和所有电子产生的势缓慢连续变化, 在这种缓慢变化的势场中, 运动电子被看成是服从绝对零度下 Fermi-Dirac 分布的简并电子气。如果仅考虑电子与核吸引和电子与电子排斥的经典静电作用能，忽略交换关联作用，就可以将原子能量表示成电子密度的泛函。但此模型过于简单，难以对材料的性质作出准确的预测。

2.2.2　Hohenberg-Kohn 定理

密度泛函理论基础是建立于 Hohenberg 和 Kohn 关于非均匀电子气理论的基础之上的，它可归结为两个基本定理：

（1）不计自旋的全同费米子系统的基态能量是粒子数密度函数 $\rho(\vec{r})$ 的唯一泛函。也就是说，多电子系统的所有基态性质、能量、波函数等，都是由粒子数密度函数 $\rho(\vec{r})$ 唯一确定。

（2）能量泛函 $E[\rho'(\vec{r})]$ 在粒子数不变条件下，对正确的粒子数密度函数 $\rho(\vec{r})$ 取极小值，并等于基态能量。系统的能量泛函可写成：

$$E[\rho'(r)] = \int \mathrm{d}\vec{r}\, v(\vec{r})\, \rho(\vec{r}) + T[\rho] + \frac{1}{2}\iint \mathrm{d}\vec{r}\mathrm{d}r^{r}\frac{\rho(\vec{r})\rho(\vec{r}')}{|\vec{r} - \vec{r}'|} + E_{\mathrm{xc}}[\rho] \quad (2-14)$$

式中，右边第一项为电子在外势场中的势能；第二项为无相互作用电子气的动能泛函；第三项为电子间库仑作用能；第四项为密度为 $\rho(\vec{r})$ 电子间的交换相关能。

Hohenberg-Kohn 定理只是说明粒子数密度函数是确定多粒子系统基态物理性质的基本变量，以及能量泛函对粒子数密度函数的变分是确定系统基态的途径，但是并没有说明如何确定式(2-14)中的电荷密度 $\rho(\vec{r})$，动能泛函 $T[\rho]$ 以及交换关联能泛函 $E_{\mathrm{xc}}[\rho]$。Kohn 和 Sham 提出了确定 $\rho(\vec{r})$ 和 $T[\rho]$ 的方法，并由此得出 Kohn-Sham 方程，他们的这一工作也标志着第一原理密度泛函理论的建立。而交换关联能泛函 $E_{\mathrm{xc}}[\rho]$ 一般通过各种近似的方法来确定。

2.2.3　Kohn-Sham 方程

根据 Hohenberg-Kohn 定理，基态能量和基态粒子数密度函数可由能量泛函对密度函数的变分得到。即有效势可化为：

$$V_{\mathrm{eff}}(\vec{r}) = v(\vec{r}) + \int \mathrm{d}\vec{r}'\frac{\rho(\vec{r}')}{|\vec{r} - r^{r}|} + \frac{\delta E_{\mathrm{xc}}[\rho(\vec{r})]}{\delta\rho(\vec{r})} \quad (2-15)$$

而 $T[\rho]$ 仍是未知的。

由于对有相互作用粒子动能项一无所知，1965 年，Kohn 和 Sham 提出：假定动能泛函 $T[\rho]$ 可用一个已知的无相互作用粒子的动能泛函 $T_{\mathrm{s}}[\rho]$ 来代替。它具有与有相互作用的系统同样的密度函数。这总是可以的，只需将 $T[\rho]$ 与 $T_{\mathrm{s}}[\rho]$ 的差别中无法交换的复杂部分归入 $E_{\mathrm{xc}}[\rho]$ 中，而 $E_{\mathrm{xc}}[\rho]$ 仍是未知的。为完成单粒子图像，再用 N 个单粒子波函数 $\psi_i(r)$ 构成密度函数：

$$\rho(\vec{r}) = \sum_{i=1}^{N} |\psi_i(\vec{r})|^2 \quad (2-16)$$

这样，

$$T_{\mathrm{s}}[\rho] = \sum_i \int \Psi_i^*(\vec{r})(-\nabla^2)\Psi_i(\vec{r})\mathrm{d}\vec{r} \quad (2-17)$$

现在，对 ρ 的变分可用对 $\psi_i(\vec{r})$ 的变分代替，拉格朗日乘子则用 E_i 代替，就有

$$\frac{\delta\{E[\rho(\vec{r})] - \sum_i E_i[\int d\vec{r}\,\Psi_i^*(\vec{r})\Psi_i(\vec{r}) - 1]\}}{\delta\Psi_i(\vec{r})} = 0 \qquad (2-18)$$

于是可得

$$\{-\nabla^2 + V_{ks}[\rho(\vec{r})]\}\Psi_i(\vec{r}) = E_i\Psi_i(\vec{r}) \qquad (2-19)$$

这里

$$V_{ks} = v(\vec{r}) + \int \frac{\rho(\vec{r}')}{|\vec{r} - \vec{r}'|} d\vec{r}' + \frac{\delta E_{xc}[\rho(\vec{r})]}{\delta\rho(\vec{r})} \qquad (2-20)$$

这样，对于单粒子波函数 $\psi_i(\vec{r})$，也得到了与 Hartree-Fock 方程相似的单电子方程。式(2-16)、式(2-19)和式(2-20)一起称为 Kohn-Sham 方程。

密度泛函理论对于原子及小分子，可以提供比 Thomas-Fermi 模型好得多的结果，它甚至在许多方面超过更为复杂的 Hartree-Fock 方法。而且，密度泛函理论可以处理数百个原子的体系，而 Hartree-Fock 方法仅限于计算几个原子的体系。凝聚态物理是密度泛函理论明显成功的应用领域，例如对于简单晶体，在局域密度近似下可以得到误差仅为 1% 的晶格常数。由此可以相当精确地计算材料的电子结构及相应的许多物理性质。因此，密度泛函理论已成为探索固体材料性能与设计新材料分子的有力工具。密度泛函理论同分子动力学方法相结合，在材料设计、合成、模拟计算和评价诸多方面有明显的进展，成为计算材料科学的重要基础和核心技术。

2.3　交换关联泛函的简化

在 Kohn-Sham 方程的框架下，多电子系统基态特性问题能在形式上转化成有效的单电子问题。这种计算方案与 Hartree-Fock 近似是相似的，但是其解释比 Hartree-Fock 近似更简单、更严密，然而这只有先获得了准确而便于表达的交换关联势能泛函 $E_{xc}[\rho]$，该方法才具备了实际意义。对于交换相关能 $E_{xc}[\rho]$ 到底取什么形式，人们提出了各种不同的近似方法。下面是几种常用的交换相关能量的近似方法。

2.3.1　局域密度近似

在密度泛函理论，局域密度近似(Local Density Approximation，LDA)框架下的计算，在大多数情况下能得到较好的结果。LDA 是根据 Ceperley 和 Alder 用 Monte-Carlo 方法计算均匀电子气的结果，由 Perdew 和 Zunger 参数化成如下形式的交换关联能：

$$\varepsilon_x(r_s) = \frac{-0.9164}{r_s} \qquad (2-21)$$

$$r_s = \sqrt[3]{\frac{3}{4\pi\rho}} \qquad (2-22)$$

$$\varepsilon_c(r_s) = \begin{cases} -0.2846/(1 + 1.0529\sqrt{r_s} + 0.334r_s) & r \geqslant 1 \\ -0.0960 + 0.0622\ln r_s - 0.023r_s + 0.0040r_s\ln r_s & r \leqslant 1 \end{cases} \qquad (2-23)$$

在自旋极化 LDA 下的交换关联能的表达式为：

$$E_{XC}^{LDA}[\rho_\uparrow(\vec{r}), \rho_\downarrow(\vec{r})] = \int d\vec{r}\,\rho(\vec{r})\{\varepsilon_X[\rho(\vec{r})]f[\zeta(\vec{r})] + \varepsilon_C[r_s(\vec{r}), \zeta(\vec{r})]\}$$

$$(2-24)$$

式中，ε_X 和 ε_C 分别代表每个电子的交换能和关联能。

$$\rho_\uparrow(r) = \sum_{i=1}^{N} |\Psi_{i,\uparrow}(\vec{r})|^2 \tag{2-25}$$

$$\rho_\downarrow(r) = \sum_{i=1}^{N} |\Psi_{i,\downarrow}(\vec{r})|^2 \tag{2-26}$$

$$\rho(r) = \rho_\uparrow(\vec{r}) + \rho_\downarrow(\vec{r}) \tag{2-27}$$

$$\zeta = \frac{\rho_\uparrow - \rho_\downarrow}{\rho_\uparrow + \rho_\downarrow} \tag{2-28}$$

$$f(\zeta) = \frac{1}{2}[(1+\zeta)^{\frac{4}{3}} + (1-\zeta)^{\frac{4}{3}}] \tag{2-29}$$

密度泛函理论在 LDA 下取得了很大的成功，如晶格常数、结合能、晶体力学性质等都能给出与实验值符合得相当好的结果。对大部分半导体和金属也能给出与实验符合得相当好的价带。对于分子键长、晶体结构可以准确到 1% 左右。但也遇到一些困难，特别是对金属的 d 带宽度以及半导体的禁带宽度得到的结果与实验差 35% ~ 50%，导带底能量的确定遇到严重的困难。而且对于与均匀电子气或空间缓慢变化的电子气相差太远的系统，LDA 不适用。这说明这个方法依然存在缺点，有待修正和发展。

2.3.2　广义梯度近似

广义梯度近似(Generalized Gradient Approximation，GGA)是人们在 LDA 基础上的改进，它是一种新的交换关联泛函修正，它能够更精确地考虑计入某处附近电荷密度对交换关联的影响。在研究表面过程、小分子的性质，以及有内部空间的晶体等一系列情况时，GGA 能够得出比较精确的结果。考虑到密度的一级梯度对交换关联能的贡献，交换关联能可以表示为：

$$E_{XC}^{GGA}[\rho] = \int f_{xc}[\rho(\vec{r}), |\nabla\rho(\vec{r})|]d\vec{r} \tag{2-30}$$

目前，常用的 GGA 方法中交换关联势有 Perdew-Wang 91(PW91)、BLYP、Beeke 和 Perdew-Burke-Ernerhof(PBE)等形式。

下面介绍 VASP 程序包中常用的两类函数：

(1) Perdew-Wang 91(PW91)交换关联函数：

$$\varepsilon_X = \varepsilon_X^{LDA} \frac{1 + a_1 s\sinh^{-1}(a_2 s) + (a_3 + a_4 e^{-100s^2})s^2}{1 + a_1 s\sinh^{-1}(a_2 s) + a_5 s^4}$$

其中，$a_1 = 0.91645$，$a_2 = 7.7956$，$a_3 = 0.2743$，$a_4 = -0.1508$，$a_5 = 0.004$。

$$\varepsilon_C = \varepsilon_C^{LDA} + nH[n, s, t]$$

$$H[n, s, t] = \frac{\beta}{2\alpha}\ln\left(1 + \frac{2\alpha}{\beta}\frac{t^2 + At^4}{1 + At^2 + At^4}\right) + C_{c0}[C_c(n) - C_{c1}]t^2 e^{-100s^2}$$

$$A = \frac{2\alpha}{\beta}\left[e^{\frac{-2\alpha\varepsilon_C[\rho(r)]}{\beta^2}} - 1\right]^{-1}$$

其中，$\alpha = 0.09$，$\beta = 0.0667263212$，$C_{c0} = 15.7559$，$C_{c1} = 0.003521$，$t = \dfrac{|\nabla \rho(\vec{r})|}{2k_s n}$。而

$$k_s = \left(\frac{4k_F}{\pi}\right)^{\frac{1}{2}}, \quad n\varepsilon_C[\rho(\vec{r})] = \varepsilon_C^{LDA}[\rho(\vec{r})]。$$

（2）Perdew-Burke-Ernerhof(PBE)交换关联函数：

首先，在局域交换势的基础上定义一个增强系数：

$$E_{XC}[\rho(\vec{r})] = \int \rho(\vec{r}) \varepsilon_X^{LDA}[\rho(\vec{r})] F_{XC}(n, \zeta, s) \mathrm{d}\vec{r}$$

其中，$\rho(\vec{r})$ 是局域密度，ζ 是相对自旋极化率，$s = \dfrac{|\nabla \rho(\vec{r})|}{2K_F \rho(\vec{r})}$，则：

$$F_X(s) = 1 + \kappa - \frac{\kappa}{1 + \dfrac{\mu s^2}{\kappa}}$$

其中，$\mu = \beta\left(\dfrac{\pi^2}{3}\right) = 0.21951$，而 $\beta = 0.066725$ 是与二级梯度展开有关的。这种形式的函数满足局域 Lieb-Oxford 约束条件，$\varepsilon_X(\vec{r}) \geqslant -1.679 n^{\frac{4}{3}}(\vec{r})$，也就是说，对所有的 $\vec{r}$ 都要有 $F_X(s) \leqslant 1.804$，则 $\kappa \leqslant 0.804$，Perdew-Burke-Ernzerhof 采用的是 $\kappa = 0.804$。关联能可以写成与 Perdew-Wang 91 类似的形式，即：

$$E_C^{GGA} = \int \rho(\vec{r}) [\varepsilon_C^{LDA}(n, \zeta) + H(n, \zeta, t)] \mathrm{d}\vec{r}$$

其中，

$$H[n, \zeta, t] = \left(\frac{e^2}{a_0}\right) \gamma \phi^3 \ln\left(1 + \frac{\beta\gamma^2}{t}\frac{t^2 + At^4}{1 + At^2 + At^4}\right)$$

这里，$t = \dfrac{|\nabla \rho(\vec{r})|}{2\phi K_s \rho(\vec{r})}$，$k_s = \left(\dfrac{4k_F}{\pi a_0}\right)^{\frac{1}{2}}$ 是 Thomas-Fermi 屏蔽波矢，$\phi(\zeta) = \dfrac{(1+\zeta)^{\frac{2}{3}} + (1-\zeta)^{\frac{2}{3}}}{2}$ 是自旋放大系数，β 的值与交换项中的相同，即 $\beta = 0.066725$，$\gamma = \dfrac{(1-\ln 2)}{\pi^2}$，函数 A 的形式为 $A = \dfrac{\beta}{\lambda}[e^{\varepsilon_C^{LDA}[n]/\left(\frac{\gamma\phi^3}{a_0}\right)} - 1]^{-1}$。

2.3.3 轨道泛函与杂化泛函

LDA 和 GGA 的发展使得密度泛函理论得到了广泛的应用。但是，对于一些特殊材料，比如过渡金属氧化物和稀土元素以及它们的化合物等一系列强关联体系，LDA 和 GGA 并不能给出正确的计算结果。因此，在这种背景下，人们对它进行了扩展。最简单的方法就是在原来的 LDA(GGA)能量泛函中加入一个 Hubbard 参数 U 对应项，即所谓的 LDA(GGA)$+U$ 方法。LDA(GGA)$+U$ 方法可以成功地描述一些强关联体系中的电子结构。

杂化泛函是把交换能表示为 Hartree-Fock 方法和密度泛函方法的交换能的线性组合，这样构造的交换相关能量泛函通常要比密度泛函方法的交换相关能量泛函更加准确。比如较为著名的杂化泛函 *B3LY*，它由于包含在量子化学软件 Gaussian 中，因而在分子体系中获得了

广泛的应用。近年来，随着计算技术和软件的发展，杂化泛函方法日益得到了人们的重视，并被应用到周期性结构的计算中，比如现在流行的 VASP 量化软件(5.2 版本)，已经将其融入其中。

2.4 密度泛函理论的数值计算方法

2.4.1 赝势平面波方法

在固体(金属、半导体、绝缘体等)中，基本上仅有价电子具有较强的化学活性，相邻原子的存在和作用对内层电子(芯电子)状态影响不大。因此，固体的性质在很大程度上取决于原子核外的价电子而芯电子，在化学反应的过程中只起着一个背景的作用。为了节省计算的任务量，赝势方法被提出来。赝势就是用相对比较平滑的势来代替芯区较振荡的势，替代核与部分芯电子，以一个有效的势作用到价电子上，这样的有效势叫做赝势。赝势是在平面波计算的基础上发展起来的，在赝势的作用下得到的电子状态波函数称为赝波函数。相应的"赝势+赝波函数"体系统称为赝原子。赝原子对原子-原子之间相互作用描述的是正确程度，取决于截断距离 r_c(也叫做赝化半径或赝核半径)的大小。r_c 越大，赝波函数越平缓，与真实波函数的差别越大，近似带来的误差越大；反之，r_c 越小，与真实波函数相等的部分就越多，因近似引入的误差就越小。赝原子概念的引入有一个计算量方面的好处，即电子波函数振荡最激烈的部分(r_c 以内的部分)被代之以变化大为平缓的部分。从平面波展开赝波函数的角度看，这意味着平面波截断能量可以大为减小，总的计算量也大为减小。

赝原子和赝势的构造方法不是唯一的，大致可分为经验赝势、半经验赝势和第一性原理从头算原子赝势三种，图 2-2 显示了第一性原理赝势的构造过程。在早期的计算中，通常采用的是经验赝势，通过与实验数据拟合后，并经过参数化得到的。在现代能带理论问题中，自洽求解 Kohn-Sham 方程是个非常有实际意义的基本课题。为此，构造能用于自洽计算和不同化学环境中的原子赝势是势在必行的事情。模型赝势和模守恒赝势 (Norm-Conserving Pseudopotentials，NCPP) 是能用于自洽计算的两类常用的原子赝势。前者是半经验的，而后者则是第一性原理从头计算的，以及后来发展的超软赝势(Ultrasoft Pseudopotentials，USPP)。

2.4.1.1 模守恒赝势

模守恒赝势(Norm-Conserving Pseudopotentials，NCPP)是 Hamman 等人在 LDA 的基础上给出的。这种赝势所对应的波函数不仅与真实势对应的波函数具有同样的能量本征值，而且在 r_c 以外，与真实波函数的形状和幅度都相同(模守恒)，另外在 r_c 以内变化缓慢、没有大的动能，如图 2-3 所示，图中的两条实线分别为赝势 V_{pseudo} 以及相应的波函数 ψ_{pseudo}，两条虚线分别为全电子赝势 Z/r 以及相应的波函数 ψ_v。这种赝势能产生正确的电荷密度，适合作自洽计算。这种方法从原子赝势算起，不引入任何经验参数，所以又称为第一性原理从头算赝势方法。模守恒赝势的模守恒条件要求赝波函数和真实波函数在芯区给出相同的电荷密度，这一限制条件使其对周期表 2p 元素(即所谓第一行元素)、3d 元素和稀土元素不能有效地减少平面波基组的数量。因此，对不同的原子，模守恒赝势方法的计算效率有可能千差万别。

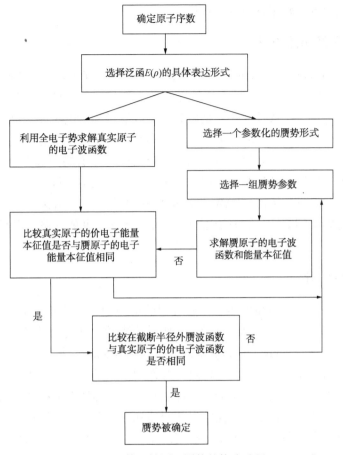

图 2-2　第一性原理赝势的构造过程

2.4.1.2　超软赝势

1990 年，Vanderbilt 等人提出了超软赝势（Ultrasoft Pseudopotentials，USPP），目前已经成功地应用到过渡金属和第一族元素计算中。USPP 大大降低了计算量，使得电子分布较为局域的第一列元素和过渡金属的赝势构造得以实现，在实际计算中得到广泛应用。

USPP 的赝波函数已经不再遵守模守恒条件，它去掉了模守恒的限制，以优化赝势的光滑性，对于电荷密度的不守恒，它是靠定义附加电荷来达到所谓的模守恒条件，基本上它是用来把被砍掉的较局域化的电子云补回去。虽然在数值演算法的运作上与模守恒赝势并没有太大的差异，但是 Vanderbilt 等人所提出的 USPP 对所有的元素都能成功构建，并确保了很高的效率。它的优点是容易选择芯区的赝势波函数，减少了必须的平面

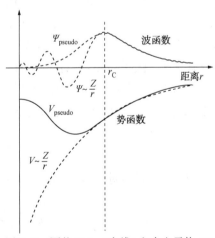

图 2-3　赝势 V_{pseudo}（实线）和全电子势 Z/r（虚线）以及相应的波函数 ψ_{pseudo}、ψ_{v} 示意图

注：r_C 表示全电子和赝电子相等的半径。在 $r < r_C$ 的芯区，全电子方法的 Z/r 和 ψ_v 分别被赝势方法的 V_{pseudo} 和 ψ_{pseudo} 代替。

波函数的数目，大幅度减轻了计算的工作量。

2.4.2 投影缀加波方法

投影缀加波(Projector Augmented Wave Method，PAW)方法最初由 Blöchl 提出，后来被 Kresse 修改后用于 VASP 软件中。该方法是通过平滑全电子电子波函数来达到平滑库仑势奇点的目的。该方法通过一个线性变换，把赝势波函数变换到全电子波函数，并且导出相应的总能函数和 Kohn-Sham 方程。PAW 方法在于由平滑了的波函数构造新的哈密顿量，再由新的哈密顿量构造新的波函数。如果从电子结构的自洽循环中看赝势和 PAW 方法，它们也就相差一拍。两种方法的数学结构基本相同，因此两种方法基本等价。实际上，赝势方法可以看作是 PAW 方法的特例。起初，PAW 方法的应用并不广泛，直到后来被 Kresse 修改后，科学家们才越来越感受到 PAW 方法的优越性，因此该方法也被日益推广起来，现在的一些第一性原理计算软件包都开始支持这种方法了。

2.4.3 结构优化

对于给定各个原子位置的晶体体系，通过密度泛函理论自洽求解 Kohn-Sham 方程就可以得到整个体系处于多电子基态时的总能量。体系总能量对离子位置偏导数的负数就是每个离子所受的真实的力，即 Hellmann-Feynman 力。这为我们理论预言物质的结构提供了一种行之有效的方法。因为晶体稳定结构可通过计算作用于原子实上的力来确定，即根据原子受力来变化原子的位置，直到整个体系的总能量达到最低，即所有原子实受力为零，得到稳定结构。然而，在实际计算过程中，只能给出希望达到而且有限的计算精度，即找到能量的全局最小值，这时所对应的晶体结构就是最稳定的结构，该过程被称为结构优化。

为了确保找到能量全局最小值，并提高整个计算过程的效率，需要一些强有力的计算算法，以使离子最快地运动到最稳定结构的位置。在第一性原理计算中，最常用的方法有共轭梯度算法(Conjugate Gradients Algorithm，CG)、准牛顿方法(Quasi-Newton Algorithm)、阻尼动力学方法等。下面我们介绍常用的 Hellmann-Feynman 力和 CG。

2.4.3.1 Hellmann-Feynman 力

在基于密度泛函的第一性原理计算中，离子的受力是通过 Hellmann-Feynman 定理得到的。即离子受的真实的力 F_1 为体系总能对离子位置偏导数的负值。

$$F_1 = -\frac{\partial E^{tot}}{\partial R_1} \tag{2-31}$$

把 E^{tot} 展开可以进一步得到力与 Kohn-Sham 方程中波函数的关系：

$$F_1 = -\frac{\partial E^{tot}}{\partial R_1} - \sum_{i=1}^{N} \frac{\partial E^{tot}}{\partial \Psi_i}\frac{\partial \Psi_i}{\partial R_1} - \sum_{i=1}^{N} \frac{\partial E^{tot}}{\partial \Psi_i^*}\frac{\partial \Psi_i^*}{\partial R_1} \tag{2-32}$$

从式(2-32)可以得出，当体系处于基态时，式中最后两项为零。在第一性原理中，计算体系处于基态时的原子位置组态一般采用迭代的方式，首先确定某个位置组态时体系的电子基态，然后计算原子所受的力，根据这些力的大小和方向来调正原子的位置。重复迭代，直到作用于原子实上的力足够小，这样就得到了原子位置的正确组态，也得到了体系的稳定结构。通常采用的是 CG 来进行优化的。

2.4.3.2　共轭梯度法

CG 是介于最速下降法与牛顿法之间的一个方法，它仅需利用一阶导数信息，克服了最速下降法收敛慢的缺点，又避免了牛顿法需要存储和计算 Hesse 矩阵并求逆的缺点，CG 不仅是解决大型线性方程组最有用的方法之一，也是解大型非线性方程组最优化、最有效的算法之一。

用 CG 把离子弛豫到它们的瞬时基态，分为以下几个步骤：①首先做一个实验进入搜索方向(与梯度成比例)，然后重新计算能量和力；②考虑体系总能量和力的变化，形成一个立方或者是二次方的插入值，计算出总能量的近似最小值，然后执行一个修正步修正到近似最小值；③修正步骤后，重新计算力和能量。

2.4.4　第一性原理计算的一般流程

第一性原理计算的一般计算流程如图 2-4 所示，计算过程分两层循环，外层为原子结构优化，内层为电子结构自洽循环。计算时，首先要按照某种假设确定初始粒子构型(物理建模)，程序给出随机初始电荷密度，然后计算有效势，确定 Kohn-Sham 方程的具体形式，随后解 Kohn-Sham 方程。在基组确定之后，解 Kohn-Sham 方程问题就转化成了解本征值问题，即求解本征值和本征矢量，求解方法一般分直接对角化和迭代对角化求解两种。按照单

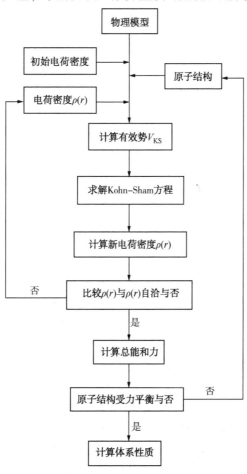

图 2-4　第一性原理计算的一般流程

粒子波函数构成的密度函数关系，可以由解出的单粒子态确定新电荷密度。比较新的电荷密度与前一次的电荷密度，如果未自洽，则将两次的电荷密度按照某个比例系数混合，产生新的电荷密度，进入下次循环。如果已经自洽，就跳出循环，开始计算总能和力的计算，如果力未平衡，则按照力的方向使原子移动一小步，再在该构型下进行下次的计算，一直到力达到平衡为止。

2.5 第一性原理计算的软件实现

第一性原理计算方法的优势表现在计算前仅需设置较少的参数，就可以计算材料中的多种物理和化学性质。在自 20 世纪 80 年代以来的 30 余年中，随着计算机的普及和计算机大规模并行技术的应用，第一性原理计算得到了巨大的进步，并被广泛地应用于多种复杂的体系。1985 年，Car 和 Parrinello 建议了一个把 DFT 和分子动力学统一起来的算法。到了 90 年代，1990 年，Vanderbilt 设计出了 USPP 方法。随后，赝势方面更加精细的思想又发展出了 PAW 方法。近期，为了处理体系中激发态的含时 DFT 和 Bethe-Sapeter 方程也已实现。

为了与时代同步，用来进行材料到第一性原理计算的计算机程序开始包含越来越多的功能，很难想象凭借个人的能力承担一整套软件的维护和开发工作。而 DFT 某项新算法和理论得到验证和应用、并得到业内同行的认可需要 10 年甚至更长的时间，因此 DFT 框架下计算软件的开发和应用已经成为一项较为系统的软件工程。在这样的大背景下，几大成熟的 DFT 应用软件可分为两种开发模式：一种是以公司为单位的商业开发，如 CASTEP 和 VASP；另一种是这些软件需要支付授权费才能使用，但相对应地在使用过程中能够得到较完善的服务支持。

在本书中，第一性原理计算所用的软件包是由奥地利维也纳大学开发的 VASP（Vienna Ab Initio Simulation Package）。VASP 的全称是"维也纳从头计算模拟包"，是基于密度泛函理论，使用赝势或 PAW 和平面波基组，进行第一性原理量子力学分子动力学模拟的综合计算软件包。

VASP 具有强大的计算功能：采用周期性边界条件处理原子、分子、纳米管、纳米带、晶体，以及表面体系等；计算材料的结构参数与构型；计算材料的电子结构、光学、磁学等性质。VASP 采用平面波基矢，并在 LDA、GGA 或自旋密度近似下通过自洽迭代方式来求解 Kohn-Sham 方程。VASP 用 PAW 或 USPP 方法描述价离子芯与价电子间的相互作用。在确定电子基态时，VASP 采用共轭梯度最小算法、封闭戴维森方法或基于残余最小化方法的非约束矩阵对角化方法。为了确保计算数值稳定性，新的电荷密度与前一次循环的输入密度根据一个改进的 Broyden/Pulay 方案进行混合，作新的一轮循环的输入密度。VASP 对交换关联函数除了采用单纯的 LDA 或 GGA 外，还实现了常用的几种梯度修正函数：PW91 交换关联函数和 PBE 交换关联函数。另外，在倒格子空间中的 k 点取样采用 Monhkorst-Pack 特殊网格点方法。对布里渊区的积分可以采用 Blöch 修正的四面体方法、Fermi smearing 方法、Gaussian smearing 方法和 Methfessel-Paxton 方法。图 2-5 给出了 VASP 自洽循环计算电子基态的流程图，输入的电荷密度和波函数是两个独立的量，在每一个自洽循环内电荷密度都被用于建立哈密顿函数，然后迭代优化波函数使其更接近这个哈密顿函数的精确波函数。VASP 因其所提供的赝势多且准确，支持方法多，计算速度快，支持 CPU 并行计算等优点，应用范围非常广泛。

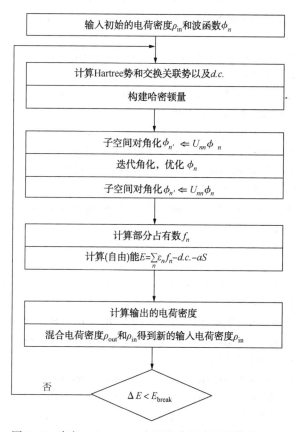

图 2-5 确定 Kohn-Sham 电子基态的自洽计算流程图

参 考 文 献

1 廖沐真，吴国是，刘洪霖. 量子化学从头计算方法［M］. 北京：清华大学出版社，1984：6~11.

2 熊家炯. 材料设计［M］. 天津：天津大学出版社，2000：2~31.

3 Martin R M. Electronic Structure：Basic Theroy and Practical Methods［M］. Cambridge：Cambridge University Press，2004.

4 Born M，Huang K. Dynamical Theory of Crystal Lattices［M］. London：Oxford University Press，1954.

5 Fock V. Noherungsmethode Zur Losung Des Quantenmechanischen Mehrkorper problems［J］. Z Phys.，1930，61：126~148.

6 Hartree D R. The Wave Mechanics of an Atom with a Non-Coulomb Crntral field. Ⅰ，Ⅱ，Ⅲ［J］. Proc. Cam. Phil. Soc.，1928，24(5)：89~110.

7 Chelikowsky J R，Louie S G. Quantum Theory of Real Materials［M］. Kluwer Academy Press，1989：1~11.

8 Thomas L H. The Calculation of Atomic Field［J］. Proc. Camb. Phil. Soc.，1927，23(2)：542~548.

9 Fermi E. A Statistical Method for the Determination of Some Atomic Properties and the Application of this Method to the Theory of the Periodic System of Elements［J］. Z. Phys.，1928，48：73~79.

10 Hohenberg P，Kohn W. Inhomogeneous Electron gas［J］. Phys. Rev. B，1964，136(3B)：B864~B871.

11 Kohn W，Sham L J. Self-Consistent Equations Including Exchange and Correlation Effects［J］. Phys. Rev.，1965，140(4A)：A1133~A1138.

12 Slater J C. A Simplification of the Hartree–Fock Method[J]. Phys. Rev., 1951, 81: 385~390.

13 Ceplerley D M, Alder B J. Ground State of the Electron Gas by a Stochastic Method[J]. Phys. Rev. Lett. 1980, 45(7): 566~569.

14 Perdew J P, Zunger A. Self–interaction Correction to Density–Functional Approximations for Many–Electron Systems[J]. Phys. Rev. B, 1981, 23(10): 5048~5079.

15 Perdew J P, Wang Y. Accurate and Simple Analytic Representation of the Electron–gas Correlation Energy[J]. Phys. Rev. B, 1992, 45(23): 13244~13249.

16 Lee C, Yang W, Parr R C. Development of the Colle–Salvetti Correlation–Energy Formula into a Functional of the Electron Density[J]. Phys. Rev. B, 1988, 37(2): 785~789.

17 Becke A D. Density–Functional Exchange–Energy Approximation with Correct Asymptotic Behavior[J]. Phys. Rev. A, 1988, 38(6): 3098~3100.

18 Perdew J P, Burke K, Ernzerhof M. Generalized Gradient Approximation Made Simple[J]. Phys. Rev. Lett., 1996, 77(18): 3865~3868.

19 Hamann D R, Schluter M, Chiang C. Norm–Conserving Pseudopotentials[J]. Phys. Rev. Lett., 1979, 43 (20): 1494~1497.

20 Vanderbilt D. Soft Self–Consistent Pseudopotentials in a Generalized Eigenvalue Formalism[J]. Phys. Rev. B, 1990, 41(11): 7892~7895.

21 Böchl P E. Projector Augmented–Wave Method[J]. Phys. Rev. B, 1994, 50(24): 17953~17979.

22 Kresse G, Joubert D. From Ultrasoft Pseudopotentials to the Projector Augmented–Wave Method[J]. Phys. Rev. B, 1999, 59(3): 1758~1775.

23 Hellmann H. Einfuhrung in die Quantumchemie[M]. Leipzig: Deuticke, 1937.

24 Feynman R P. Forces in Molecules[J]. Phys. Rev., 1939, 56(4): 340~343.

25 Teter M P, Payne M C, Allan D C. Solution of Schrödinger's Equation for Large Systems[J]. Phys. Rev. B, 1989, 40(18): 12255~12263.

26 Car R, Parrinello M. Unified Approach for Molecular Dynamics and Density–Functional Theory[J]. Phys. Rev. Lett., 1985, 55(22): 2471~2474.

27 Runge E. Density–Functional Theory for Time–Dependent Systems[J]. Phys. Rev. Lett., 1984, 52(12): 997~1000.

28 Leeuwen R. Causality and Symmetry in Time–Dependent Density–Functional Theory[J]. Phys. Rev. Lett., 1998, 80(6): 1280~1283.

29 Bickers N, Scalapino D, White S. Conserving Approximations for Strongly Correlated Electron Systems: Bethe–Salpeter Equation and Dynamics for the Two–Dimensional Hubbard Model[J]. Phys. Rev. Lett., 1989, 62 (8): 961~964.

30 Salpeter E. A Relativistic Equation for Bound–State Problems[J]. Phys. Rev., 1951, 84(6): 1232~1242.

31 Segall M D, Lindan P J D, Probert M J, et al. First–Principles Simulation: Ideas, Illustrations and the CASTEP Code[J]. J. Phys.: Condens. Matter, 2002, 14(11): 2717~2744.

32 Kresse G, Hafner J. Ab Initio Molecular Dynamics for Liquid Metal[J]. Phys. Rev. B, 1993, 47(1): 558~561.

33 Kresse G, Furthmuler J. Efficient Iterative Schemes for ab Initio Total–Energy Calculations Using a Plane–Wave Basis Set[J]. Phys. Rev. B, 1996, 54(16): 11169~11186.

34 Kresse G, Furthmuler J. Efficient of Ab Initio Total–Energy Calculations for Metals and Semiconductors Using a Plane–Wave Basis Set[J]. Comput. Mater. Sci, 1996, 6(1): 15~50.

35 Kresse G, Hafner J. Ab Inition Molecular – Dynamics Simulation of the Liqiud – Metla – Amorphous –

Semiconductor Transition in Germanium[J]. Phys. Rev. B, 1994, 49(20): 14251~14269.

36 Kresse G, Furthmüller J. Efficient Iterative Schemes for Ab Initio Total-Energy Calculations Using a Plane-Wave Basis Set[J]. Phys. Rev. B, 1996, 54(16): 11169~11186.

37 Press W H, Teukolsky S A, Vetterling W T, et al. Numerical Recipes in Fortran 90: The Art of Parallel Scientific Computing[M]. Cambridge University Press, 1996.

38 Polak E. Computational Methods in Optimization[M]. New York: Academic, 1971.

39 Davidson E R, Dicrcksen In G H F, Wilson S. NATO Science Series C: Mathematical and Physical Sciences [M]. New York: Plenum Advanced Study Institute, 1983, Vol 113: 95~98.

40 Pulay P. Covergence Acceleration of Iterative Sequences. the Case of Scf Iteration[J]. Chem. Phys. Lett., 1980, 73(2): 393~398.

41 Monkhorst H J, Pack J D. Special Points for Brillouin-Zone Integrations[J]. Phys. Rev. B, 1976, 13(12): 5188~5192.

42 Jepsen O, Andersen O K. The Electronic Structure of H. C. P. Ytterbium[J]. Solid State Commun., 1971, 9(20): 1763~1767.

43 Blöchl P E, Jepsen O, Andersen O K. Improved Tetrahedron Method for Brillouin-Zone Integrations[J]. Phys. Rev. B, 1994, 49(23): 16223~16233.

44 Fu C L, Ho K M. First-Principles Calculation of the Equilibrium Ground-State Properties of Transition Metals: Applications to Nb and Mo[J]. Phys. Rev. B, 1983, 28(10): 5480~5486.

45 Methfessel M, Paxton A T. High-Precision Sampling for Brillouin-Zone Integration in Metals[J]. Phys. Rev. B, 1989, 40(6): 3616~3621.

第3章 过渡金属纳米线填充 GaN 纳米管的结构、电子特性和磁性

3.1 引 言

自 1991 年日本 NEC 公司饭岛(Iijima)首次发现碳纳米管(CNTs)以来，由于其新颖的结构、独特的电学和力学性能以及巨大的潜在应用前景引起了科学界极大的关注。碳纳米管潜在的应用包括：碳纳米管可以制成储氢材料、合成新材料，还可应用于电化学器件、场发射装置、纳米电子器件、传感器和探头、催化剂载体、生物医学领域等。除此之外，将碳纳米管作为第二相物质的纳米级容器，用其他材料来填充碳纳米管一直是人们研究的热点之一，尤其是作为填充金属物质的纳米容器，也有很好的应用前景。将其他材料填充到碳纳米管后，可以使得在一个封闭的环境中深入研究低维纳米材料的性质成为可能，同时将这些低维纳米材料填充到碳纳米管，会赋予这些低维纳米材料许多与宏观量时不同的独特性能，从而会引发许多新的用途。例如，铁磁性金属(如 Fe、Co、Ni)纳米线一般比较容易氧化，如果将其填充到碳纳米管中(图 3-1)，由于碳纳米管的保护作用，可以使铁磁性金属纳米线的抗氧化能力大大提高，同时填充有铁磁性金属纳米材料的碳纳米管具有良好的磁性能和电性能。

碳纳米管　　　　　　金属纳米线　　　　　　　　金属填充碳纳米管

图 3-1　金属纳米线填充碳纳米管结构示意图

2006 年，Terrones 等人理论预测，如果用内填充铁纳米线的碳纳米管阵列制作量子磁盘，将大大提高数据存储密度。他们指出，填充在碳纳米管内部的铁纳米线具有较高的矫顽力($430\sim2100$ Oe)，要远高于宏观块体材料的矫顽力(60 Oe)；同时，每根铁纳米线可以看作是一个二进制位(1bit)，而且每一个"二进制位"都由一根碳纳米管机械隔开(图 3-2)，高的长径比使得材料呈现极强的各向异性，因此在量子磁盘方面将有重要的用途。如果用内填充铁纳米线的碳纳米管阵列制作量子磁盘，将大大提高数据存储密度。

传统的磁力显微镜(MFM)探针一般采用涂覆有一层铁磁材料(如 40nm 厚的 CoCrTa)的 Si 或 Si_3N_4 针尖。由于受机械加工精度的限制，使得 Si 或 Si_3N_4 探针的曲率半径不够小，进而使得其空间分辨率有限，影响探测精度。同时，Si 或 Si_3N_4 探针均为脆性材料，如果所探测样品表面起伏较大，很容易使探针的尖端被折断而破坏。内填充铁磁纳米线的碳纳米管由

于具有纳米量级的直径、较高的长径比和良好的柔韧性，同时碳纳米管还可以对其内部的铁纳米线提供良好的抗氧化保护，因而有望用作高性能的 MFM 探针。2006 年，Winkler 等人将填充铁纳米线的碳纳米管作为磁力 MFM 探针，与商用探针所得到的图像进行比较，采用铁纳米线填充碳纳米管后，所得 MFM 图像的点分辨率大为提高。

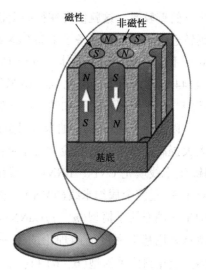

图 3-2　铁纳米线填充碳纳米管用于制作量子磁盘

Monch 等人研究发现，金属铁填充碳纳米管可以作为脂质体的载体，可以用于肿瘤的治疗。铁磁金属填充碳纳米管由于综合金属材料的磁性能和碳纳米管的电性能，可以用作一种性能优异的雷达波吸收材料。由于碳纳米管具有纳米级的发射尖端、大的长径比、良好的热稳定性及导电性，可以用作理想的场致发射材料，Lee 等人发现用 Ni 纳米粒子填充碳纳米管后，在其管中残留的铁磁性 Ni 催化剂粒子可以降低发射体的功函数，有利于场发射性能的提高。

按照碳纳米管的制备与填充过程是否同步完成，可将制备金属物质填充的碳纳米管的诸多方法分为两大类：两步法和一步法。所谓两步法是指先制备出碳纳米管，然后再采用适当的方法打开碳纳米管的端帽，将第二相物质填充到其管腔里；而一步法则是指在制备碳纳米管的过程中同时实现第二相物质的填充，即制备和填充一步完成。两步法主要包括毛细填充法和溶液化学法两种，一步法主要有电弧放电法、熔盐电解法、模板辅助法和热解金属有机物法四种。

1993 年，日本 NEC 公司的 Ajayan 等人首次通过实验证实了利用毛细作用填充碳纳米管的可行性，两年后他们通过毛细作用往碳纳米管内部填充 V_2O_5 获得成功。1994 年，牛津大学的 Tsang 等人提出溶液化学法，制备出了 NiO 填充的碳纳米管。Pascard 等人用电弧放电法成功地将 Ti、Cr、Fe、Co、Ni、Cu、Zn、Mo、Pd、Sn、Ta、W、Gd、Dy 和 Yb 等 15 种金属填充进了碳纳米管，紧接着他们又制得了 Se、S、Sb 和 Ge 填充的碳纳米管。2004 年，美国佛罗里达州立大学的 Bera 等人进行电弧放电，而得到填充有金属 Pd 纳米粒子的碳纳米管。英国苏塞克斯大学的 Hsu 等人首先提出熔盐电解法，制得了部分填充有 Li_2C_2 和 LiCl 的多壁碳纳米管。随后，他们又利用这种方法制得了填充有 Sn、Pb、Bi、Sn-Pb 合金的多壁碳纳米管。北京大学的 Che 等人以多孔氧化物载体为模板，在其孔道内用化学气相沉积的方法制得了填充有铁纳米线的碳纳米管。自从 Rao 等人通过热解二茂铁粉末法成功制备了金属 Fe 填充的碳纳米管以来，金属有机物粉末热解法便成为近年来制备金属填充碳纳米管领域的一个研究热点，美国俄克拉荷马州立大学的 Liu 等人通过热解二茂铁和噻吩的方法制得了金属 Fe 纳米粒子填充的节状碳纳米管。

虽然目前制备金属填充碳纳米管的方法有很多并且取得了长足的进展，但仍面临着一些急待解决的问题，例如磁性金属填充率大多比较低，这主要是因为碳纳米管的管腔比较狭小、管壁较厚，这就使得在径向上铁磁纳米线的填充率较低。2003 年，Goldberger 等人用外延铸造技术，成功制备了单晶 GaN 纳米管（GaNNTs）。理论研究表明，GaN 纳米管是一个独立于手性的宽带隙半导体。由于 Ga—N 键长（1.88Å）比 C—C 键长（1.42Å）和 B—N 键长（1.44Å）要大得多，因此 GaN 纳米管比碳纳米管和氮化硼纳米管（BNNTs）有着更广阔的内部腔，便于材料的贮存和纳米尺寸的操纵。

以上优点使得 GaN 纳米管对金属纳米线成为一个合适的保护罩，可以使其抗氧化能力大大提高。事实上，实验上已经制备了许多不同的材料，如 Fe、Co、Ni 或 Fe-Ni 合金纳米棒/纳米线填充 CNTs、BNNTs、碳化锗纳米管（GeCNTs）和氮化硅纳米管（SiNNTs）。然而，对于 $3d$ 过渡金属纳米线（TMNWs）很少有理论研究，例如具有锯齿方形结构的 Fe、Co 和 Ni 纳米线填充扶手椅型 (n, n) GaNNTs 的结构性质，电子性质和磁学性质的信息量是很少的。本章采用基于密度泛函理论的第一性原理方法研究锯齿方形结构的 $TMNW_4$（Fe_4、Co_4 或 Ni_4）填充到扶手椅型 $(6, 6)$ 和 $(8, 8)$ GaNNTs 中的结构、电子特性和磁学性质。为简单起见，用 $TMNW_4@(6, 6)$ 和 $TMNW_4@(8, 8)$ 代表 $TMNW_4$（Fe_4、Co_4 或 Ni_4）分别地填充到 $(6, 6)$ 和 $(8, 8)$ GaNNTs 中。纵观全文，下标 4 表示每原胞中有 4 个 TMNW 原子。

3.2　计算方法和模型

本章中的计算由基于密度泛函理论的 Kresse 等人开发的 VASP 软件包完成。基于广义梯度近似的密度泛函理论计算比局域密度近似能够更好地描述磁体系。离子和电子的相互作用采用投影缀加波（PAW）方法。在广义梯度近似（GGA）下，交换关联能采用能够产生正确掺杂系统基态的 Perdew-Burke-Ernzerhof（PBE）形式来处理。电子波函数用平面波基组展开，平面波截断能取 450eV。计算模型被构造在一个晶格常数为 a、b 和 c 的周期性的四边形超胞里。为了消除相邻 GaN 纳米管间的相互作用而带来的计算误差，晶格常数 a 和 b 被设置为 18Å，而沿着管轴方向的晶格常数 c 设置为四倍的 (n, n) GaN 纳米管周期长度，这样管与管之间的距离已经足够大，可以忽略相邻纳米管间和相邻纳米线间的相互作用。布里渊区中积分采用以 Gamma 为中心的 Monkhorst-Pack 方法，选取 $1×1×11$ 的网格点。为了避免由费米能处的跨越和准退化引起的不稳定性，计算采用拖尾宽度为 0.2eV 的 Methfessel-Paxton order N（$N=1$）方法。所有原子的位置弛豫采用 Helleman-Feymann 力的共轭梯度 CG 算法，当每个原子最大受力小于 0.02eV/Å 时，且最后连续两步总能量收敛值小于 $1.0×10^{-4}$eV 时，结构优化停止。

锯齿方形结构的四个原子从体面心立方（FCC）金属上直接截取下来，如图 3-3（a）所示的 Ni_4 纳米线。图 3-3（b）显示了 Ni_4 纳米线填充到 $(8, 8)$ GaNNT 中的情形，其中的灰白色球、黑色球、灰色球分别表示 Ga、N 和 Ni 原子。在这里选择 $(8, 8)$ GaNNT 是因为它绕其轴的八重旋转对称很容易匹配 Ni_4 纳米线的二重旋转对称。考虑到 $(8, 8)$ GaNNT 和 Ni_4 纳米线沿着它们的公共轴线的晶格不匹配，我们把 Ni_4 纳米线这个方向上的晶格常数从 3.52Å 减少到 3.22Å，以便在 3.22Å 轴线长度处的纳米管晶胞可以包含两个相邻的 Ni 层。在 $Ni_4@(8, 8)$ 结合系统的横截面上，对于 Ni_4 纳米线我们仍然使用与块体 FCC Ni 相同的晶格常数 3.52Å。

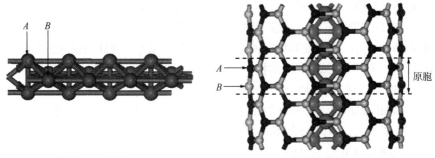

(a)自由Ni$_4$纳米线侧视图　　　　　　　(b)Ni$_4$纳米线填充到(8，8)GaNNT中

图 3-3　自由 Ni$_4$ 纳米线的侧视图和 Ni$_4$ 纳米线填充到(8，8)GaNNT 中

注：原胞包含 A、B 两层。

3.3　过渡金属纳米线填充 GaN 纳米管的结构稳定性

为了调查 TMNW$_4$(Fe$_4$、Co$_4$ 或 Ni$_4$)填充到 GaNNTs 中的稳定性，我们估算了结合系统和相应的自由纳米线的形成能 E_{Form}，表 3-1 列出了结果。在这里，E_{Form} 被定义为：

$$E_{Form}(GaNNT+TMNW) = (E_{GaNNT}+E_{TMNW}-E_{GaNNT+TMNW})/4 \qquad (3-1)$$

$$E_{Form}(FN) = (4E_\alpha - E_{TMNW})/4 \qquad (3-2)$$

式中，E_{GaNNT}、E_{TMNW}、$E_{GaNNT+TMNW}$ 和 E_α 分别代表原始的(6，6)或(8，8)GaNNT，自由 TM-NW$_4$，结合系统，单个过渡金属原子的总能量。对于 Fe$_4$@(6，6)、Co$_4$@(6，6)和 Ni$_4$@(6，6)体系，计算的形成能分别是 0.23eV、0.21eV 和 0.16eV。正的形成能的值表明 TMNW$_4$ 和(6，6)GaNNT 之间是相互吸引的。因此，所有这些 TMNW$_4$@(6，6)体系的形成过程都是放热的。同样地，对于 Fe$_4$@(8，8)、Co$_4$@(8，8)和 Ni$_4$@(8，8)体系，计算的形成能分别是 0.35eV、0.32eV 和 0.27eV。此外，TMNW$_4$@(8，8)结合系统的形成能比那些自由纳米线(Fe$_4$、Co$_4$ 和 Ni$_4$ 纳米线的形成能分别是 0.28eV、0.29eV 和 0.25eV)的形成能明显要高。因此，过渡金属纳米线的稳定性有可能通过 GaNNTs 封装而提高。所以，我们推断 TMNW$_4$@(8，8)系统比 TMNW$_4$@(6，6)系统更稳定，并且结构更复杂的 TMNWs 将会被通过相当于纳米牛顿的力自发地拉入到宽广的 GaNNTs 中。

表 3-1　计算的形成能(E_{Form})，自旋极化 FM 态和非自旋极化 NM 态之间的能量差(ΔE)，TMNW$_4$@(6，6)和 TMNW$_4$@(8，8)结合系统的 FM 和 AFM 态之间的能量差(ΔE_M)

TMNW$_4$@(n, n)	Fe$_4$@(6，6)	Co$_4$@(6，6)	Ni$_4$@(6，6)	Fe$_4$@(8，8)	Co$_4$@(8，8)	Ni$_4$@(8，8)
E_{Form}/eV	0.23	0.21	0.16	0.35	0.32	0.27
ΔE/eV	-0.85	-0.69	-0.52	-1.21	-1.32	-1.04
ΔE_M/eV	-0.22	-0.16	-0.13	-0.07	-0.11	-0.15

为了调查结合系统的相对稳定性，进行了一种比较研究，对于每一种结构的自旋极化铁磁态(FM)和非自旋极化无磁态(NM)之间的能量差($\Delta E = E_{FM} - E_{NM}$)被首先估算，表 3-1 列出了这些结果。TMNW$_4$@(6，6)和 TMNW$_4$@(8，8)体系获得负的能量差表明结合系统的自旋极化铁磁性态相对于非自旋极化无磁态是稳定的。为了发现结合系统的稳定基态，我们计

算 $TMNW_4@(6，6)$ 和 $TMNW_4@(8，8)$ 体系不同磁状态的总能量包括自旋极化铁磁态（FM）和反铁磁性态（AFM），以此来判断基态。对于每一种结构，FM 态的总能量比 AFM 态更低，这就表明了在 $TMNW_4@(6，6)$ 和 $TMNW_4@(8，8)$ 体系的基态中 FM 态是稳定的。不同于大块的反铁磁性的 FCC Fe、Co 或 Ni 的结构，由于增加了具有更少的配位数的表面原子的比例，因此 $TMNW_4$ 的最低能量磁结构是铁磁性的。对于 $TMNW_4@(6，6)$ 和 $TMNW_4@(8，8)$ 结合系统，由于内部的 $TMNW_4$ 和外部的 GaNNT 之间的弱相互作用使得在最优化之后体系的最初形状没有发生明显变化，因此结合体系是铁磁性结构。表 3-1 列出了 $TMNW_4@(6，6)$ 和 $TMNW_4@(8，8)$ 体系的 FM 态和 AFM 态之间的能量差值 $[\Delta E_M=(E_{FM}-E_{AFM})]$。

3.4　过渡金属纳米线填充 GaN 纳米管的电子特性

为了深入地探讨结合系统的电子性质，我们研究了它们的能带结构和态密度（DOS）。图 3-4 显示了 $TMNW_4@(6，6)$ 和 $TMNW_4@(8，8)$ 结合体系的能带结构。对每一张图，左边的平面对应着自旋向上，右边平面指自旋向下。Γ 和 Z 分别代表两个在超晶胞的布里渊区内的高对称点，即 (0，0，0) 和 (0，0，0.5) 点。在图中费米能级被设置为零且用水平的虚线标示。

首先，我们可以看到 $TMNW_4@(6，6)$ 和 $TMNW_4@(8，8)$ 体系获得了相似的能带结构。其次，把独立的 $TMNW_4$ 插入到 (6，6) GaNNT 或 (8，8) GaNNT 中之后，结合体系成为了金属特性。第三，对于每一个结合体系比较自旋向上（左边平面）和自旋向下（右边平面）的能带结构，很容易识别在费米能级（水平虚线）附近是不对称的。即自旋向下比自旋向上有更多的能带穿过费米能级。这就表明了自旋极化的迁移过程在这些 $TMNW_4@(n，n)$ 系统中实现了。第四，对于每一个结合体系，在自旋向上中的近自由电子（NFE）穿过费米能级的状态是不同于自旋向下中平带穿过费米能级的状态。

图 3-5（a）、图 3-5（b）、图 3-5（c）和图 3-5（d）分别为纯的 (6，6) GaNNT、Fe_4、Co_4 和 Ni_4 自由纳米线的总 DOS 线，上平面（下平面）平面代表了向上（向下）自旋。在图中，费米能级被设置为零且用垂直的虚线标示。通过比较，我们可以看到接下来的特性：首先，正如预期的，原始的 (6，6) GaNNT 是绝缘体，图 3-5（a）显示大约 2eV 的带隙与之前所记录的值一致。另外，向上自旋和向下自旋间的 DOS 曲线是对称的，因此纯的 (6，6) GaNNT 是非磁性的，然而具有不对称的 DOS 曲线的所有 Fe_4、Co_4 和 Ni_4 自由纳米线是金属的和铁磁性的。其次，在图 3-5（b）~图 3-5（d）中比较向上自旋（上平面）与向下自旋（下平面）的费米能级处的 DOS，很容易发现 Fe_4、Co_4 和 Ni_4 自由纳米线有高自旋极化和磁矩。

图 3-6 显示了 $Fe_4@(6，6)$、$Co_4@(6，6)$、$Ni_4@(6，6)$ 和 $Fe_4@(8，8)$ 系统的总态密度（黑线）和投影到 TMNWs（蓝线）的部分态密度（PDOS），其中上平面和下平面代表了向上自旋和向下自旋。图中，费米能级被设置为零且用垂直的虚线标示。首先，从图中可以看到费米能级处的能态主要来源于 Fe_4、Co_4 和 Ni_4 纳米线。其次，费米能级下的这些结合系统的大多数 d 能带完全被填满，这就意味着这些结合系统有很强的铁磁性。由于内部的 $TMNW_4$ 和外部的 GaNNT 之间的弱相互作用，因此图 3-6（a）~图 3-6（c）展示的 $Fe_4@(6，6)$、$Co_4@(6，6)$ 和 $Ni_4@(6，6)$ 结合系统在 TMNWs 上的 PDOSs 是类似于图 3-5（b）~图 3-6（d）显示的它们相对应自由纳米线的 DOSs。对于 $Fe_4@(8，8)$ 结合系统中 Fe_4 纳米线上的

PDOS 也是类似于图 3-5（b）显示的 Fe_4 自由纳米线的 DOS。这就表明了填充到广阔内腔的 GaNNT 中的 $TMNW_4s$ 与相应的 $TMNW_4$ 的电子性质和磁特性相似。

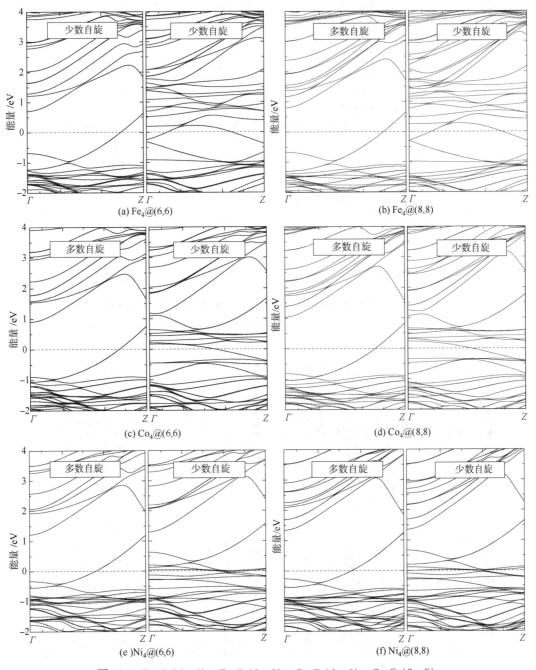

图 3-4 $Fe_4@(6, 6)$、$Fe_4@(8, 8)$、$Co_4@(6, 6)$、$Co_4@(8, 8)$、
$Ni_4@(6, 6)$ 和 $Ni_4@(8, 8)$ 结合体系的能带结构图

注：左（右）平面分别代表向上（向下）自旋，费米能级被设置为零且用水平的虚线标示。

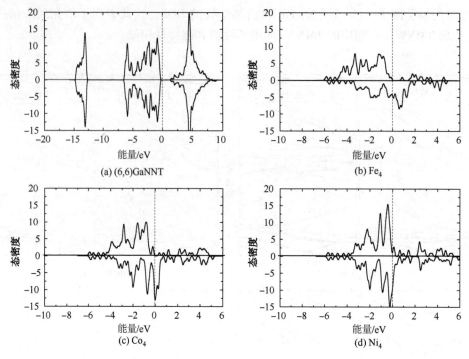

图 3-5 纯的(6，6)GaNNT、Fe$_4$、Co$_4$ 和 Ni$_4$ 自由纳米的总 DOS 线

注：上平面(下平面)对应向上(向下)自旋，费米能级被设置为零且用垂直的虚线标示。

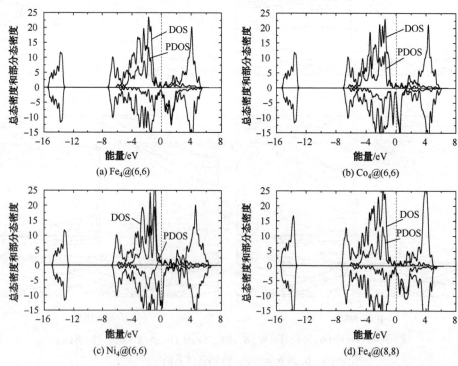

图 3-6 Fe$_4$@(6，6)、Co$_4$@(6，6)、Ni$_4$@(6，6)和 Fe$_4$@(8，8)系统的总态密度

和投影到 TMNWs 的部分态密度(PDOS)。

注：上平面和下平面代表了向上自旋和向下自旋，费米能级被设置为零且用垂直的虚线标示。

3.5　过渡金属纳米线填充 GaN 纳米管的自旋极化率和磁学性质

费米能级上的电子自旋极化率是个有趣的参数。自旋极化率被定义为：

$$P = \frac{N_\downarrow(E_F) - N_\uparrow(E_F)}{N_\downarrow(E_F) + N_\uparrow(E_F)} \tag{3-3}$$

式中，$N_\uparrow(E_F)$ 和 $N_\downarrow(E_F)$ 分别代表在费米能级上的自旋向上和自旋向下的总态密度。在表 3-2 中，对于 $TMNW_4@(6，6)$ 和 $TMNW_4@(8，8)$ 结合系统自旋极化率的值 P 被列出来了，并且与那些独立的 $TMNW_4$ 作了比较。从表中能够看到，由于较广阔 $(8，8)$ GaNNT 的更弱束缚作用，$TMNW_4@(8，8)$ 的自旋极化率比 $TMNW_4@(6，6)$ 的自旋极化率稍微大一些，但是这两个结合系统的自旋极化率比相应的自由 $TMNW_4$ 要小。这意味着 $TMNW_4$ 填充到 GaNNT 中导致其自旋极化率减少。虽然对于两个结合系统 P 的值减少了，但是两种情况下的高自旋极化保证了它们迷人的特性，因此在自旋相关传输设备以及电子特殊装置中被广泛使用。

表 3-2　自由 $TMNW_4$，$TMNW_4@(6，6)$ 和 $TMNW_4@(8，8)$ 结合系统的自旋极化率/% 和原子磁矩 (μ_B/atom)

特　性	自旋极化率/%			原子磁矩/(μ_B/atom)		
系　统	$TMNW_4$	$TMNW_4@(6，6)$	$TMNW_4@(8，8)$	$TMNW_4$	$TMNW_4@(6，6)$	$TMNW_4@(8，8)$
Fe	96.33	91.19	94.50	2.83	2.72	2.79
Co	99.82	95.10	97.37	1.96	1.85	1.90
Ni	82.15	80.29	81.32	0.87	0.74	0.81

$TMNW_4@(n，n)$ 结合系统的磁性特征的潜在应用引起了人们的广泛关注。$TMNW_4@(n，n)$ 结合系统的各个 $TMNW_4$ 原子的磁矩 μ 以 μ_B 为单位也列在表 3-2 中，并与自由 $TMNW_4$ 的磁矩进行比较。首先，从表中可以清楚地看到，$TMNW_4@(8，8)$ 中的每个 $TMNW_4$ 原子的磁矩比 $TMNW_4@(6，6)$ 中的要大。其次，$TMNW_4@(8，8)$ 中的每个 $TMNW_4$ 原子的磁矩比相应自由 $TMNW_4$ 的要小。这就表明了，由于更弱束缚作用在较宽阔的 $(8，8)$ GaNNT 中，因此填充到较广阔的 $(8，8)$ GaNNT 中的 $TMNW_4$s 比填充到狭窄的 $(6，6)$ GaNNT 中的相应纳米线有更大的磁矩。这就表明了填充到宽阔的 GaNNT 中的 $TMNW_4$s 与相应的 $TMNW_4$ 的磁特性相似。

图 3-7 展示出了稳定的 $Fe_4@(6，6)$ 系统的电荷密度和净自旋电荷密度(即自旋向上和自旋向下间的差)。从图中可以看到，对于这种结合系统磁性主要局限在内部的 Fe_4 纳米线。对于 $Fe_4@(6，6)$ 系统内部的纳米线和外部的纳米管之间没有叠加，这给 Fe_4 纳米线和 $(6，6)$ GaNNT 之间的弱相互作用提供了另一种证据。更重要的是，填充到 $(6，6)$ GaNNT 中的 Fe_4 纳米线在 GaNNT 的保护下防止了氧化作用，因此其或许可以存放在大气中很长时间。所以，填充到 $(6，6)$ 和 $(8，8)$ GaNNTs 中的 $TMNW_4$s 有高度的自旋极化和磁矩且在大气中可以稳定地存在很长时间，因此它在建造纳米器件方面有潜在的应用。

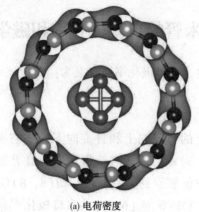

(a) 电荷密度   (b) 净自旋电荷密度

图 3-7 Fe_4@(6，6)系统的电荷密度和净自旋电荷密度

3.6 小 结

本书采用在 GGA 下 DFT 框架中的第一性原理 PAW 势方法系统地研究了具有锯齿形方形结构的 $TMNW_4s$(Fe_4、Co_4 和 Ni_4)填充到扶手椅型(6，6)和(8，8)GaNNTs 中的结构，电子和磁学性质。计算出的形成能显示了填充到狭窄的(6，6)GaNNT 和广阔的(8，8)GaNNT 中的所有 $TMNW_4s$ 都是放热的。在费米能级附近的自旋向上和自旋向下间能带具有不对称性，即自旋向下比自旋向上有更多的能带跨越了费米能级，这就表明了自旋极化传输过程可以在这些 $TMNW_4$@(n，n)系统中实现。填充到狭窄的(6，6)GaNNT 和广阔的(8，8)GaNNT 中的 $TMNW_4s$ 与相应的 $TMNW_4$ 有相似的电子性质和磁学性质。$TMNW_4$@(8，8)系统的自旋极化率和磁矩比 $TMNW_4$@(6，6)系统更大，但是这两个结合系统的自旋极化率和磁矩比相应的自由 $TMNW_4$ 要小。$TMNW_4$@(6，6)和 $TMNW_4$@(8，8)都有的高自旋极化保证了它们迷人的特性，因此，在自旋相关传输设备以及电子特性设备中被广泛使用。

参 考 文 献

1 Iijima S, Helical. Microtubules of Graphitic Carbon[J]. Nature, 1991, 354: 56~58.

2 Ye Y, Ahn C C, Witham C. Hydrogen in Sigle-Walled Carbon Nanotubes[J]. Appl. Phys. Lett., 1999, 74 (16): 2307~2309.

3 Liu C, Fan Y Y, Liu M, et al. Hydrogen Storage in Single-Walled Carbon Nanotubes at Room Temperature [J]. Science, 1999, 286: 1127~1136.

4 Dai H J, Wong E W, Lu Y Z, et al. Synthesis and Characterization of Carbide Nanorods[J]. Nature, 1995, 375: 769~772.

5 Han W Q, Fan S S, Li Q Q, et al. Synthesis of Gallium Nitride Nanorods Through a Carbon Nanotube- Confined Reaction[J]. Science, 1997, 277(5330): 1287~1289.

6 Niu C, Sickel E K, Hoch R, et al. [J]. Appl. Phys. Lett., 1997, 70: 1480~1482.

7 Baughman R H, Cui C, Zakhidov A A, et al. Carbon Nanotube Actuators[J]. Science, 1999, 284: 1340~ 1344.

8 Baughman R H, Zakhidov A A. Carbon Nanotubes-the Route Toward Applications[J]. Seience, 2002, 297:

787~792.

9　Tans S J, Verschueren A R M, Dekker C. Room-Temperature Transistor Based on a Single Carbon Nanotube [J]. Nature, 1998, 393: 49~52.

10　Martel R, Schmidt T, Shea H R, et al. Single-and Multi-Wall carbon nanotube Field-Effect Transistors[J]. Appl. Phys. Lett., 1998, 73: 2447~2449.

11　Bachtold A, Haddley P, Nakanishi T, Dekker C. Logic Circuits with Carbon Nanotube Transistors[J]. Science, 2001, 294: 1317~1320.

12　Dai H, Hafner J H, Rinzler A G, et al. Nanotubes as Nanoprobes in Scanning Probe Microscopy[J]. Nature, 1996, 384: 147~151.

13　Kong J, Franklin N R, Zhou C, et al. Nanotube Molecular Wires as Chemical Sensors[J]. Science, 2000, 287: 622~625.

14　Li W, Liang C, Qiu J, et al. Carbon Nanotubes as Support for Cathode Catalyst of a Direct Methanol Fuel Cell [J]. Carbon, 2002, 40(5): 791~794.

15　Tsang S C. A Simple Chemical Method of Opening and Filling Carbon Nanotubes. [J]. Nature, 1994, 372: 159~162.

16　Lago R M. Filling Carbon Nanotubes with Small Palladium Metal Crystallites: the Effect of Surface Acid Groups [J]. Chem. Commu., 1995, 13: 1355~1356.

17　Ugarte D, Stockli T, Bonard J M, et al. Filling Carbon Nanotubes[J]. Appl Phy A-Materials, 1998, 67: 101~105.

18　Gao X P, Zhang Y, Chen X, et al. Carbon Nanotubes Filled with Metallic Nanowires[J]. Carbon, 2004, 42 (1): 47~52.

19　Monthioux M. Filling Single-Wall Carbon Nanotubes[J]. Carbon, 2002, 40(10): 1809~1823.

20　Bachtold A, Strunk C, Salvetat J P, et al. Aharonov-Bohm Oscillations in Carbon Nanotubes[J]. Nature, 1999, 397: 673~675.

21　Kang Y J, Choi J, Moon C Y, et al. Electronic and Magnetic Properties of Single-Wall Carbon Nanotubes Filled with Iron Atoms[J]. Phys. Rev. B, 2005, 71(11): 115441-7.

22　Grobert N, Hsu W K, Zhu Y Q, et al. Enhanced Magnetic Coercivities in Fe Nanowires[J]. Appl. Phys. Lett., 1999, 75: 3363~3365.

23　Terrones H, Lopez-Urias F, Munoz-Sandoval E, et al. Magnetism in Fe-Based and Carbon Nanostructures: Theory and Applications[J]. Solid State Sci, 2006, 8: 303~320.

24　Winkler A, Muhl T, Menzel S, et al. Magnetic Force Microscopy Sensors Using Iron-Filled Carbon Nanotubes [J]. J. Appl. Phys., 2006, 99: 104905~104909.

25　Mönch I, Meye A, Leonhardt A, et al. Ferromagnetic Filled Carbon Nanotubes and Nanoparticles: Synthesis and Lipid-Mediated Delivery into Human Tumor Cells[J]. J. Magn. Magn. Mater., 2005, 290: 276~278.

26　Lin H Y, Zhu H, Guo H F, et al. Investigation of the Microwave-Absorbing Properties of Fe-Filled Carbon Nanotubes[J]. Mater. Lett., 2007, 61(16): 3547~3550.

27　Che R C, Peng L M, Duan X F, et al. Microwave Absorption Enhancement and Complex Permittivity and Permeability of Fe Encapsulated Within Carbon Nanotubes[J]. Adv. Mater., 2004, 16: 401~405.

28　Lee Y H, Kim D H, Kim D H, et al. Magnetic Catalyst Residues and Their Influence on the Field Electron E-mission Characteristics of Low Temperature Grown Carbon Nanotubes[J]. Appl. Phys. Lett., 2006, 89(8): 083113-3.

29　Ajayan P M, Iijima S. Capillarity-Induced Filling of Carbon Nanotubs[J]. Nature, 1993, 361: 333~334.

30　Ajayan P M, Ebbesen T W, Ichihashi T, et al. Opening Carbon Nanotubes with Oxygen and Implications for

Filling[J]. Nature, 1993, 362: 522~525.

31 Ajayan P M, Stephan O, Redlich P, et al. Carbon Nanotubes as Removable Templates for Metal-Oxide Nano-composites and Nanostructures[J]. Nature, 1995, 375: 564~567.

32 Tsang S C, Chen Y K, Harris P J F, et al. A Simple Chemical Method of Opening and Filling Carbon Nano-tubes[J]. Nature, 1994, 372: 159~162.

33 Guerretpiecourt C, Lebouar Y, Loiseau A, et al. Relation Between Metal Electronic-Structure and Morphology of Metal-Compounds Inside Carbon Nanotubes[J]. Nature, 1994, 372: 761~765.

34 Loiseau A, Pascard H. Synthesis of Long Carbon Nanotubes Filled with Se, S, Sb and Ge by the Arc Method [J]. Chem. Phys. Lett., 1996, 256(3): 246~252.

35 Bera D, Kuiry S C, McCutchen M, et al. In-Situ Synthesis of Palladium Nanoparticles-Filled Carbon Nano-tubes Using Arc-Discharge in Solution[J]. Chem. Phys. Lett., 2004, 386(4~6): 364~368.

36 Hsu W K, Hare J P, Terrones M, et al. Condensed-Phase Nanotubes[J]. Nature, 1995, 377: 687~687.

37 Hsu W K, Terrones M, Terrones H, et al. Electrochemical Formation of Novel Nanowires and Their Dynamic Effects[J]. Chem. Phys. Lett., 1998, 284(3~4): 177~183.

38 Hsu W K, Li J, Terrones H, et al. Electrochemical Production of Low-Melting Metal Nanowires[J]. Chem. Phys. Lett., 1999, 301(1~2): 159~166.

39 Hsu W K, Trasobares S, Terrones H, et al. Electrolytic Formation of Carbon-Sheathed Mixed Sn-Pb Nanowires[J]. Chem. Mater., 1999, 11(7): 1747~1751.

40 Che R C, Peng L M, Duan X F, et al. Microwave Absorption Enhancement and Complex Permittivity and Permeability of Fe Encapsulated Within Carbon Nanotubes[J]. Adv. Mater., 2004, 16(5): 401~405.

41 Rao C N R, Sen R, Satishkumar B C, et al. Large Aligned-Nanotube Bundles from Ferrocene Pyrolysis[J]. Chem. Commun., 1998, 42(15): 1525~1526.

42 Liu S W, Wehmschulte R J. A Novel Hybrid of Carbon Nanotubes/Iron Nanoparticles: Iron-Filled Nodule-Containing Carbon Nanotubes[J]. Carbon, 2005, 43(7): 1550~1555.

43 Sano N, Naito M, Kikuchi T. Enhanced Field Emission Properties of Films Consisting of Fe-Core Carbon Nanotubes Prepared Under Magnetic Field[J]. Carbon, 2007, 45(1): 78~82.

44 Müller C, Hampel S, Elefant D, et al. Iron Filled Carbon Nanotubes Grown on Substrates with Thin Metal Layers and their Magnetic Properties[J]. Carbon, 2006, 44(9): 1746~1753.

45 Hampel S, Leonhardt A, Selbmann D, et al. Growth and Characterization of Filled Carbon Nanotubes with Ferromagnetic Properties[J]. Carbon, 2006, 44(11): 2316~2322.

46 Goldberger J, He R R, Zhang Y F, et al. Single-Crystal Gallium Nitride Nanotubes[J]. Nature, 2003, 422: 599~602.

47 Lee S M, Lee Y H, Hwuang Y G, et al. Stability and Electronic Structure of GaN Nanotubes from Density-Functional Calculations[J]. Phys. Rev. B, 1999, 60(11): 7788~7791.

48 Zhang M, Su Z M., Yan L K, et al. Theoretical Interpretation of Different Nanotube Morphologies among Group III(B, Al, Ga)Nitrides[J]. Chem. Phys. Lett., 2005, 408(1~3): 145~149.

49 Ma R Z, Bando Y, Sato T. Coaxial nanocables: Fe Nanowires Encapsulated in BN Nanotubes with Intermediate C layers[J]. Chem. Phys. Lett, 2001, 350: 1~5.

50 Golberg D, Bando Y, Kurashima K, et al. Nanotubes of Boron Nitride Filled with Molybdenum Clusters[J]. J. Nanosci. Nanotechnol, 2001, 1(6): 49~54.

51 Golberg D, Xu F F, Bando Y. Filling Boron Nitride Nanotubes with Metals[J]. Appl. Phys. A, 2003, 76: 479.

52 Tang C C, Bando Y, Golberg D, et al. Boron Nitride Nanotubes Filled with Ni and NiSi$_2$ Nanowires in Situ

［J］. J. Phys. Chem. B, 2003, 107(27): 6539~6543.

53　Han W Q, Chang C W, Zettl A. Encapsulation of One−Dimensional Potassium Halide Crystals within BN Nanotubes［J］. Nano Lett, 2004, 4(7): 1355~1357.

54　Wang S F, Chen L Y, Zhang J M, et al. Electronic and Magnetic Properties of Single−Wall GeC Nanotubes Filled with Iron Nanowires［J］. Superlattices Microstruct, 2012, 51: 754~764.

55　Wang S F, Chen L Y, Zhang J M, et al. Ab Initio Study of Iron Nanowires Encapsulated Inside Silicon Nitride Nanotubes［J］. Physica E, 2013, 49: 97~104.

56　Kohn W, Sham L J. Self−Consistent Equations Including Exchange and Correlation Effects［J］. Phys. Rev., 1965, 140(4A): A1133~A1138.

57　Kresse G, Joubert D. From Ultrasoft Pseudopotentials to the Projector Augmented−Wave Method［J］. Phys. Rev. B, 1999, 59(3): 1758~1775.

58　Kresse G, Hafner J. Ab Initio Molecular Dynamics for Liquid Metal［J］. Phys. Rev. B, 1993, 47(1): 558~561.

59　Kresse G, Furthmuler J. Efficient Iterative Schemes for Ab Initio Total−Energy Calculations Using a Plane−Wave Basis Set［J］. Phys. Rev. B, 1996, 54(16): 11169~11186.

60　Kresse G, Furthmuler J. Efficient of Ab Initio Total−Energy Calculations for Metals and Semiconductors Using a Plane-Wave Basis Set［J］. Comput. Mater. Sci., 1996, 6(1): 15~50.

61　Kresse G, Hafner J. Ab Inition Molecular − Dynamics Simulation of the Liqiud − Metla − Amorphous − Semiconductor Transition in Germanium［J］. Phys. Rev. B, 1994, 49(20): 14251~14269.

62　Böchl P E. Projector Augmented−Wave Method［J］. Phys. Rev. B, 1994, 50(24): 17953~17979.

63　Kresse G, Joubert D. From Ultrasoft Pseudopotentials to the Projector Augmented−Wave Method［J］. Phys. Rev. B, 1999, 59(3): 1758~1775.

64　Perdew J P, Burke K, Ernzerhof M. Generalized Gradient Approximation Made Simple［J］. Phys. Rev. Lett., 1996, 77(18): 3865~3868.

65　Monkhorst H J, Pack J D. Special Points for Brillouin−Zone Integrations［J］. Phys. Rev. B, 1976, 13(12): 5188~5192.

66　Methfessel M, Paxton A T. High−Precision Sampling for Brillouin−Zone Integration in Metals［J］. Phys. Rev. B, 1989, 40(6): 3616~3621.

第4章 GaN 纳米带的结构和电子性质

4.1 引　言

2001 年，美国佐治亚理工学院的王中林等人首次发现并合成纳米带状结构的半导体氧化物，这是纳米材料合成领域的又一重大突破，其结构特点是横截面为一窄矩形，带宽为 30~300nm，厚度为 5~10nm，而长度可达几毫米。氧化物半导体纳米带的发现扩大了一维纳米材料的研究范围，对于发现新的纳米结构和发展纳米技术新的应用具有极大的意义。纳米带与纳米管的圆柱形几何结构不同，它的横截面为矩形，外表面由两组对称的晶面构成。对于 GaN 纳米带的制备研究，Chen 等人首次以 Ag 作催化剂，通过 Ga 与 NH_3 反应，在单晶 MgO 衬底上生长出了 GaN 纳米带。随后在 2002 年，Bae 和 Seo 等人以 Ni、Fe 等作催化剂，通过 Ga、Ga_2O_3 和 B_2O_3 的混合物以及金属 Ga 与 NH_3 反应，在氧化铝、单晶硅衬底上生长出了锯齿状的 GaN 纳米带。

纳米带是迄今为止发现的唯一的具有结构可控，且无缺陷的宽带隙半导体准一维纳米材料，而且具有比碳纳米管更独特和优越的结构和物理性能。纳米带在纳米电子器件、纳米光学器件、传感器、功能纳米结构材料等方面显示出重要的应用前景。例如：近年来，对于平板显示器件的研究发展迅速，主要由碳纳米管制成。但是，碳纳米管平板显示还存在着生长工艺、环境气氛对场发射的影响，以及制成显示器件后碳纳米管膜表现出的一些固有缺陷等这样或那样的不足。而纳米带的出现，弥补了碳纳米管平板显示的缺陷。如铟氧化物纳米带是重要的透明导体材料，由于它高的光学透明性和高的电导率，使其在平板显示方面有着广阔的应用前景。由于纳米带具有大的表面积，高的表面活性，使其对温度、光、水蒸气及其他气体等环境因素相当敏感。当外界环境改变时，会迅速引起表面或界面离子价电子输运的变化，利用其电阻的显著变化可作成光电传感器、湿敏传感器、气敏传感器以及生物传感器等。这些传感器的特点是响应速度快、灵敏度高、选择性比较优良。

关于纳米带的制备和物性研究迄今还处于一个初级阶段，但它已经显示出在基础理论研究和实际应用等方面的巨大潜力。虽然在科研工作者的共同努力下取得了不少成绩，但仍然存在着一些迫切需要解决的问题。例如：如何进一步探索和利用纳米带所具有的奇特的物理、化学特性。最近，二维 GaN 片和一维 GaN 纳米带的电子结构被调查通过第一性原理计算，其结果提供了一个关于 GaN 片和 GaN 纳米带的缺陷和边缘态的影响的深入理解，特别是在其结构和磁性质方面。本章首先研究 GaN 纳米带的结构和电子性质，然后对缺陷 GaN 纳米带的结构、电子和磁学等性质进行讨论，最后研究碳掺杂 GaN 纳米带的电子和磁学性质。希望对 GaN 纳米带结构、电子和磁学性质的探索与研究能为实验研究和实际应用提供可靠的理论支持和指导。

4.2　计算方法和模型

4.2.1　计算方法

本章计算基于密度泛函理论的第一性原理方法，采用 VASP 软件包计算 GaN 纳米带的结构和电子性质，以及空位缺陷和碳掺杂 GaN 纳米带的结构、电子和磁学等性质。离子和电子的相互作用采用投影缀加波（PAW）方法。在广义梯度近似（GGA）下，交换关联能采用能够产生正确系统基态的 Perdew-Burke-Ernzerhof（PBE）形式来处理。电子波函数用平面波基组展开，平面波截断能取 500eV。真空间隔被设置为 15Å 在边缘对边缘方向和层对层方向，这足够大的真空间隔能够消除 GaN 纳米带和它周期性镜像间的相互作用。布里渊区中积分采用的是以 Gamma 为中心的 Monkhorst-Pack 方法，选取 $1\times1\times11$ 的 k 网格点。为了避免由费米能处的跨越和准退化引起的不稳定性，计算采用拖尾宽度为 0.2eV 的 Methfessel-Paxton order $N(N=1)$ 方法。正确的能带结构计算被运行通过使用纳米带轴向的 $60k$ 点。为了发现完整和缺陷 GaN 纳米带的基态几何结构，所有原子的位置弛豫采用 Helleman-Feymann 力的共轭梯度 CG 算法，当每个原子最大受力小于 0.02eV/Å 时，且最后连续两步总能量收敛值小于 1.0×10^{-4}eV 时，结构优化停止。

4.2.2　建立模型

六边形网状结构的 GaN 纳米带由交替的镓和氮原子组成，且每一个镓原子有三个最近邻的氮原子，反之亦然，氢原子连接到边缘原子上，以确保悬挂键对于费米能级附近的电子态没有影响。按以往对石墨纳米带（GNRs）的规定，锯齿型 GaN 纳米带（ZGaNNRs）的宽度参数被定义为穿过带宽的锯齿型链数（N_z）。同样地，扶手椅型 GaN 纳米带（AGaNNRs）的宽度参数被定义为穿过带宽的二聚物链数（N_a）。因此，当涉及到一个锯齿型 GaN 纳米带具有 N_z 锯齿型链数时，可写成 N_z-ZGaNNR，或者一个扶手椅型 GaN 纳米带具有 N_a 二聚物链数时，可写成 N_a-GaNNR，它们的结构模型图显示如图 4-1 所示。

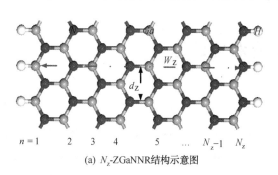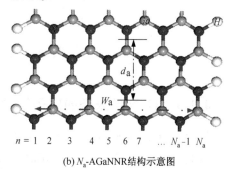

(a) N_z-ZGaNNR结构示意图　　　　(b) N_a-AGaNNR结构示意图

图 4-1　N_z-ZGaNNR 和 N_a-AGaNNR 结构示意图

注：一维原胞的宽度和带宽分别用 $d_z(d_a)$ 和 $W_z(W_a)$ 表示。

以 8-ZGaNNR 为例来研究缺陷 GaN 纳米带的性质，图 4-2（a）呈现了完整 8-ZGaNNR 的几何结构模型，模型由 4 个原胞组成，其包含了 32 个氮原子、32 个镓原子和 8 个氢原子。

单个氮空位或者镓空位(V_N 和 V_{Ga})的形成通过从完整的 8-ZGaNNR 中移除一个氮原子和镓原子。为了揭示空位对 8-ZGaNNR 的结构、电子和磁学等性质的影响，相对于氮原子边缘的各种氮原子或镓原子位置被用来制造空位缺陷，其示意图显示如图 4-2(b)所示。为了简单起见，使用 V_N^i 或 V_{Ga}^i($i=1\sim7$)代表一个氮或镓空位在 i 位置。在无限长的纳米带里，空位在每一个超胞里重复它们自己以此形成的周期性空位。为了研究碳替换掺杂 6-ZGaNNR 和 6-AGaNNR 体系的电子性质，4 种不同的掺杂位置被考虑，即碳替换一个氮或镓原子(边缘或非边缘的位置)，碳掺杂 6-ZGaNNR 和 6-AGaNNR 的结构示意图如图 4-3 所示。

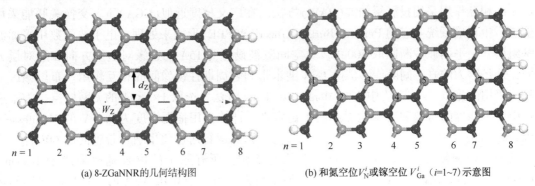

(a) 8-ZGaNNR的几何结构图　　　　(b) 和氮空位V_N^i或镓空位 V_{Ga}^i($i=1\sim7$)示意图

图 4-2　8-ZGaNNR 的几何结构图和氮空位 V_N^i 或镓空位 V_{Ga}^i($i=1\sim7$)示意图

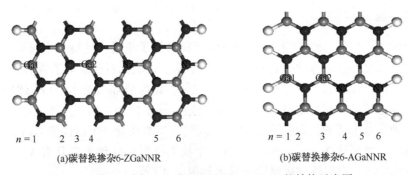

(a)碳替换掺杂6-ZGaNNR　　　　(b)碳替换掺杂6-AGaNNR

图 4-3　碳替换掺杂 6-ZGaNNR 和 6-AGaNNR 的结构示意图

4.3　计算结果与讨论

4.3.1　GaN 纳米带的电子性质

作为例子，氢截止的 2-ZGaNNR，4-ZGaNNR，8-ZGaNNR，12-ZGaNNR，16-ZGaNNR，20-ZGaNNR 和 4-AGaNNR，6-AGaNNR，8-AGaNNR，12-AGaNNR，16-AGaNNR，20-AGaNNR 的能带结构图如图 4-4(a)和图 4-4(b)所示。Γ 和 Z 分别代表两个在布里渊区域内的高对称点，即(0, 0, 0)和(0, 0, 0.5)点，在图中费米能级被设置为零且用水平的虚线标示。从图中能看到，对于 N_z-ZGaNNRs，最低未占据导带(LUCB)和最高占据价带(HOVB)总是分离的，这意味着 N_z-ZGaNNRs 具有半导体性质，最低未占据导带是一个近自由电子态。这种带是不同于锯齿型石墨烯纳米带(ZGNRs)的最低未占据导带，其在费米能级附近是一个平带。另外，自旋向上和自旋向下带完全重叠，因此 N_z-ZGaNNRs 是非磁性的。随着纳米带的宽度增加，对于 N_z-ZGaNNRs 的带隙是逐渐减少的，这种行为类似于锯齿型 BN 纳米带（BN Nanoribbons，ZBNNRs）和锯齿型 AlN 纳米带（AlN Nanoribbons，ZAlNNRs）。对于 N_a-AGaNNRs 相似的能带结构被呈现，但它们之间存在着不同，即 N_z-ZGaNNRs 是间接带隙的半导体，而 N_a-AGaNNRs 是直接带隙的半导体。

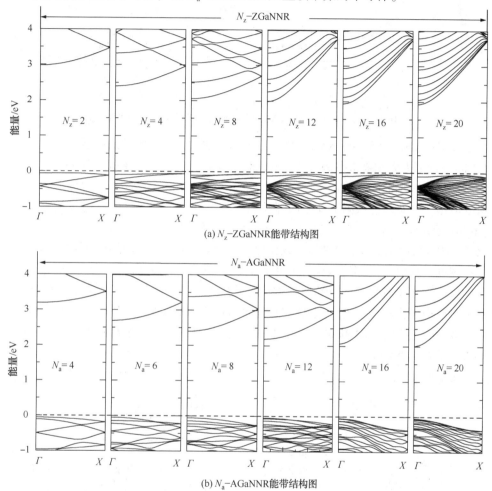

(a) N_z-ZGaNNR能带结构图

(b) N_a-AGaNNR能带结构图

图 4-4　N_z-ZGaNNRs（N_z=2，4，8，12，16，20）和 N_a-AGaNNRs（N_a=4，6，8，12，16，20）能带结构图

注：费米能级设为零能量并用水平虚线标示。

对于氢截止的 N_z-ZGaNNRs 和 N_a-AGaNNRs 带隙随带宽变化的曲线图分别如图 4-5（a）和图 4-5（b）所示。从图中能得出如下结论：①没有震荡出现在 N_a-AGaNNRs，这不同于扶手椅型石墨烯纳米带（AGNRs）和扶手椅型 BN 纳米带（ABNNRs），因为它们有一个震荡现象被观察到；②随着带宽的增加，N_z-ZGaNNRs 和 N_a-AGaNNRs 的带隙逐渐减少，并靠近单层GaN 片的渐进限制线，这种行为的起源归功于从镓边缘到氮边缘增强的电荷转移。这些特征不同于那些石墨烯纳米带，锯齿型石墨烯纳米带是金属，然而扶手椅型是半导体，它的带隙随着带宽的增加逐渐减少，并最终趋近于一个石墨烯的零渐进限制线，这能联系到 GaN的高离子性导致了一个开放的带隙比较半金属性质的石墨。对于同样宽度的 ZGaNNRs 和

AGaNNRs，AGaNNRs 的带隙比 ZGaNNRs 的带隙要大，这是因为 AGaNNRs 的二聚物镓和氮原子间有着更强烈的相互作用和两边缘有一个较短的距离。

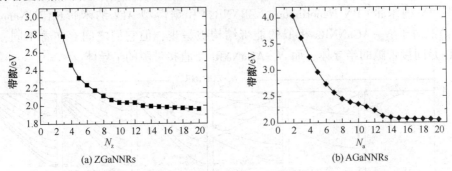

(a) ZGaNNRs (b) AGaNNRs

图 4-5 ZGaNNRs 和 AGaNNRs 的带隙随纳米带宽度变化的曲线图

对于 8-ZGaNNR 和 8-AGaNNR，相对应的总态密度(顶部平面)和投影在边缘和内部氮原子(中间平面)以及边缘和内部镓原子(底部平面)上的态密度分别如图 4-6(a)和图 4-6(b)所示。从图中能得出如下结论：①8-ZGaNNR 和 8-AGaNNR 都是半导体由于态密度在费米能级处为零。在费米能级附近能量间隔从-0.5~0eV 的态密度主要有边缘的氮原子(蓝色实线)和边缘的镓原子(红色实线)组成，这是与先前研究 BN 纳米带的结果是一致的。②对于 8-ZGaNNR 和 8-AGaNNR 边缘的氮或镓原子(实线)在低于费米能级的低能区内有一个降低的态密度，而对于内部的氮或镓原子在高能区域有一个升高的态密度(虚线)。这是因为边缘的氮或镓原子有很少的近邻原子数，因此边缘的原子有较少近邻原子的约束，这样一来就有大多数电子占据高能态。因此，推断少的配位数将导致大多数电子位于在占据态的高能区域。③对于 8-ZGaNNR 和 8-AGaNNR，高占据的价带主要局域在氮原子上，而较高未占据导带主要局域在镓原子上。

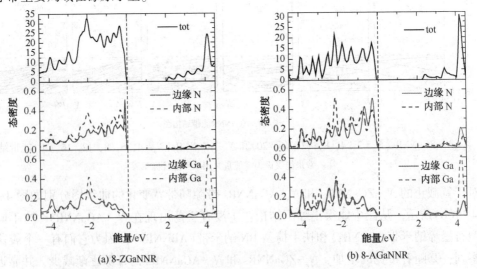

(a) 8-ZGaNNR (b) 8-AGaNNR

图 4-6 8-ZGaNNR 和 8-AGaNNR 的态密度，相对应的总态密度(顶部平面)和投影在边缘和内部氮原子(中间平面)以及边缘和内部镓原子(底部平面)上的态密度

为了研究电场对 GaN 纳米带电子结构的影响，一个横向的外部电场被应用，这里定义外加电场的正方向是从镓边缘到氮边缘。图 4-7 显示了 6-ZGaNNR 在外加电场 0eV/Å，

0.4eV/Å，0.7eV/Å 的能带结构(左)和部分电荷密度(右)。6-ZGaNNR 的最高价带(The Valence Band Maximum，VBM)在 Γ 和 Z 点之间且最低导带(The Conduction Band Minimum，CBM)在 Γ 点[图 4-7(a)左边部分]，最高价带对应于边缘态位于氮原子边缘[图 4-7(a)右下部分]，然而最低导带对应于边缘态位于镓原子边缘[图 4-7(a)右上部分]。图 4-7(b)和图 4-7(c)分别显示 6-ZGaNNR 的能带结构和最高价带与最低导带对应的电荷密度在 0.4eV/Å 和 0.7eV/Å 外加电场作用下的改变。当一个正的外部电场被应用，随着增加的电场强度 6-ZGaNNR 的带隙逐渐减少，并带隙最终关闭在一个电场强度为 7.5eV/Å，原因是最高价带和最低导带对应于边缘态分别位于氮原子和镓原子边缘，当电场强度增加时，静电势增加在氮边缘但降低在镓边缘，这样导致了更多的电荷聚集在氮边缘而更多的电荷消失在镓边缘[图 4-7(b)和图 4-7(c)右边部分]，这些边缘态的重新分配促使了带隙减少[图 4-7(b)和图 4-7(c)左边部分]。

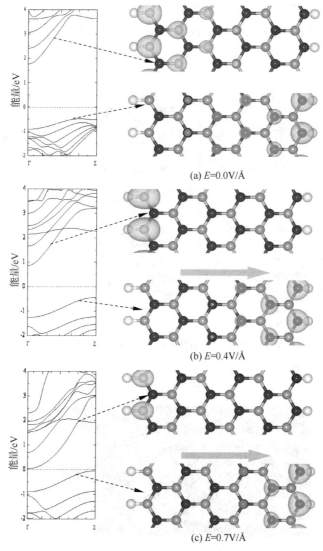

(a) E=0.0V/Å

(b) E=0.4V/Å

(c) E=0.7V/Å

图 4-7　6-ZGaNNR 的能带结构(左)和在一个外加正电场 0，0.4eV/Å，
0.7eV/Å 最高价带及最低导带的部分电荷密度(右)

4.3.2 缺陷 GaN 纳米带的电子性质

优化 8-ZGaNNR 的结构得到 Ga-N 键长大约为 1.87Å 以及 N—H 和 Ga—H 键长分别是 1.02Å 和 1.56Å，这些值与先前报道的是一致的。自旋极化能带结构和最高占据分子轨道（HOMO）以及最低未占据分子轨道（LUMO）的电荷密度分别如图 4-8（a），图 4-8（b）和图 4-8（c）所示。从图中能看到，最高占据分子轨道位于 Z 点，然而最低未占据分子轨道位于 Γ 点，这意味着 8-ZGaNNR 是一个带隙为 2.115eV 的间接半导体。另外，自旋向上和自旋向下带完全重叠，因此 8-ZGaNNR 是非磁性的。从图 4-8（b）的电荷密度俯视图（上半平面）和侧面图（下半平面）发现，最低未占据分子轨道由 π^* 态组成，且对应于边缘态主要位于边缘镓原子上，并且当远离镓边缘时，镓子格上电荷密度发生衰减。相反，最高占据分子轨道由 π 态组成，且从边缘的氮原子开始，相对应的边缘态向内衰减 [图 4-8（c）]。8-ZGaNNR 的总电荷密度被计算，其结果如图 4-9 所示。从图中能看到，氮原子周围的高密度等高线突出朝着 Ga—N 键，暗示电荷从镓原子转移到氮原子上，这是因为氮原子比镓原子有更大的电负性，因此 Ga—N 键是离子键。另外，总电荷密度也显示 N—H 键和 Ga—H 键分别是共价键和离子键。

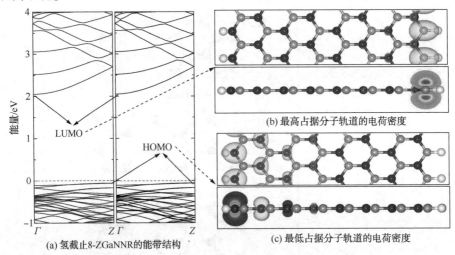

图 4-8　氢截止 8-ZGaNNR 的能带结构和最高占据分子轨道以及最低未占据分子轨道的电荷密度

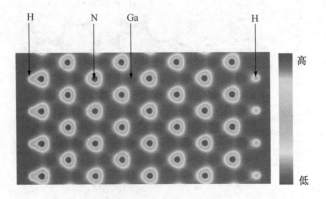

图 4-9　氢截止 8-ZGaNNR 的总电荷密度图

从 8-ZGaNNR 六边形网格中一个氮或镓原子的移去导致了它们最近邻的镓或氮原子有一个不饱和的价轨道，从不饱和价轨道中出现的额外能量可能促使空位周围结构的局域重组并形成更稳定的结构。为了调查空位缺陷在 8-ZGaNNR 中的稳定性，空位形成能 E 定义为：

$$E = E_{van} + E_{removed} - E_{perf} \tag{4-1}$$

式中，E_{van} 是缺陷纳米带(一个单空位)的总能，$E_{removed}$ 是移除原子的能量，E_{perf} 是完整纳米带的能量。对于形成一个空位，$E>0$ 对应于一个吸热过程，然而 $E<0$ 显示一个放热过程。8-ZGaNNR中不同位置的氮空位或镓空位其空位形成能值列在表 4-1 中，正的形成能表明氮空位或镓空位的形成过程是吸热的，而且在每一个对等的几何位置，氮空位的形成要比镓空位的形成容易些。对于氮空位或镓空位高的形成能值是因为 V_N^i 或 $V_{Ga}^i(i=1{\sim}7)$ 空位导致了 3 个悬挂键在空位周围(图 4-10)。

表 4-1　8-ZGaNNR 中的空位在不同位置的形成能(E)和磁矩(μ)

V_N^i	1	2	3	4	5	6	7
E/eV	8.77	8.95	8.90	8.98	8.98	8.97	8.08
μ/μ_B	0.75	0.14	1.00	0.00	0.08	0.98	0.96
V_{Ga}^i	1	2	3	4	5	6	7
E/eV	10.39	10.74	1077	10.60	10.52	15.61	10.46
μ/μ_B	3.00	3.00	3.00	3.00	3.00	2.93	3.00

对于 8-ZGaNNR，以空位 $V_N^i(V_{Ga}^i)$ 在位置 $i=4$ 作为一个典型非边缘事例，然而在位置 $i=1$ 和 $i=7$ 作为一典型的邻近边缘和边缘事例来调查空位对其结构的影响。图 4-10 显示 V_N^i 或 V_{Ga}^i 空位在位置 $i=1$，$i=4$ 和 $i=7$ 时 8-ZGaNNR 的最优几何结构。对于非边缘空位 V_N^4 和 V_{Ga}^4 的情况，一个 12 元环被形成[图 4-10(b)和图 4-10(e)]，对于 V_N^4 空位，三对两等同的镓原子有一个向内弛豫[图 4-10(b)]，导致了 Ga—Ga 距离从完整 8-ZGaNNR 中的 3.261Å 减少到 2.899Å，2.899Å 和 3.225Å。然而，对于 8-ZGaNNR 中的 V_{Ga}^4 空位，三对两等同的氮原子有一个向外弛豫[图 4-10(e)]，N—N 距离从完整 8-ZGaNNR 中的 3.261Å 拉长到 3.335Å，3.381Å 和 3.381Å。对于边缘空位 V_N^7 和 V_{Ga}^1 的情形，它们弛豫后形成了 9 元环[图 4-10(c)和图 4-10(d)]。对于邻近边缘空位 V_N^1 和 V_{Ga}^7，一个 12 元环形成[图 4-10(a)和图 4-10(f)]。对于邻近边缘的空位 V_N^1[图 4-10(a)]，Ga—Ga 距离是 2.732Å，2.711Å 和 3.231Å，这比完整 8-ZGaNNR 中相应距离 3.261Å 要小。然而，对于边缘的空位 V_{Ga}^1[图 4-10(d)]，N—N 距离是 3.267Å，3.321Å 和 3.320Å，这比完整 8-ZGaNNR 中相应距离 3.261Å 要大。对于边缘的空位 V_N^7，Ga—Ga 距离是 2.782Å，2.779Å 和 3.204Å，这比完整 8-ZGaNNR中相应距离 3.261Å 要小，然而对于邻近边缘的空位 V_{Ga}^7，N—N 距离是 3.319Å，3.566Å 和 3.566Å[图 4-10(f)]。V_N^i 或 V_{Ga}^i 空位的存在对于边缘的 N—H 和 Ga—H 键没有影响，依然是 1.02Å 和 1.56Å，如同完整的 8-ZGaNNR。

为了更进一步了解空位缺陷在不同位置的电子和磁性等性质，它们的能带结构和自旋密度被研究。对于 8-ZGaNNR 中的典型 V_N^i 或 V_{Ga}^i 空位在位置 $i=1$，$i=4$ 和 $i=7$ 的能带结构如图 4-11 所示，对每一副图，左边平面对应自旋向上，右边平面对应自旋向下，费米能级用虚线标示。比较完整 8-ZGaNNR 的能带结构[图 4-8(a)]，能看到空位缺陷导致在费米能级附近或多或少的平带(局域态)。除了 V_N^i 空位缺陷的自旋向上带和自旋向下带完全重合外[图4-11(c)]，对于 V_N^i 或 V_{Ga}^i 空位缺陷($i=1$，$i=4$ 和 $i=7$)，一个容易辨别的在费米能级附近的自旋向上和自旋向下不对称，其能带结构图如图4-11(a)～图4-11(f)所示，这意味着自旋极化的性质。然而，自旋极化机理是不同的，即对于 $V_N^i(V_{Ga}^i)$ 缺陷主要归功于 $V_N^i(V_{Ga}^i)$ 周围 Ga(N)原子的悬挂键联系到未占据(占据)态。对于 8-ZGaNNR 中的 V_N^1 空位，自旋向上带穿过费米能级，然而自旋向下带在费米能级周围有一个带隙，这意味着 V_N^1 空位缺陷的 8-ZGaNNR 表现出半金属性质，并具有 100% 极化率。有大多数传输发生在费米能级附近，空位缺陷的 8-ZGaNNR 带来高的自旋极化，暗示着这种空位缺陷的 ZGaNNR 能用来制备有效的自旋极化传输装置。

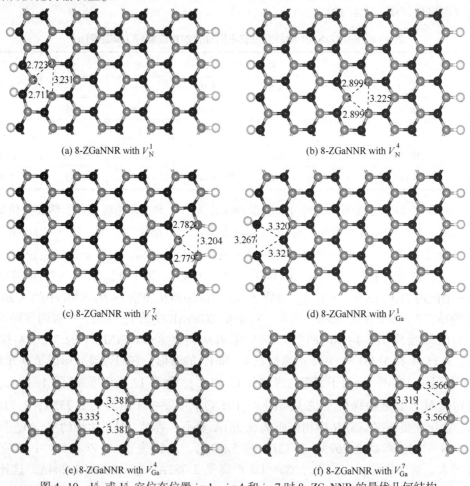

(a) 8-ZGaNNR with V_N^1

(b) 8-ZGaNNR with V_N^4

(c) 8-ZGaNNR with V_N^7

(d) 8-ZGaNNR with V_{Ga}^1

(e) 8-ZGaNNR with V_{Ga}^4

(f) 8-ZGaNNR with V_{Ga}^7

图 4-10 V_N^i 或 V_{Ga}^i 空位在位置 $i=1$，$i=4$ 和 $i=7$ 时 8-ZGaNNR 的最优几何结构

空位缺陷对于电子和磁性等性质的影响被发现依赖于缺陷相对于边缘的位置。计算表明，空位缺陷能够自发诱导 ZGaNNRs 的磁性，并操控它们的带隙和磁态。$V_N^i(i=1\sim7)$ 缺陷的 ZGaNNRs 系统的电子和磁学等性质依赖于缺陷位置，然而对于 $V_{Ga}^i(i=1\sim7)$ 缺陷系统，它们的性质很少依赖于缺陷位置。每个空位缺陷在不同位置的系统磁矩值列于表 4-1 中，从表中注意到，$V_{Ga}^i(i=1\sim7)$ 空位缺陷 8-ZGaNNR 的磁矩比 $V_N^i(i=1\sim7)$ 空位缺陷 8-ZGaNNR 的磁矩要大，这是因为对于 8-ZGaNNR 具有 $V_{Ga}^i(V_N^i)$ 空位缺陷时，三个悬挂键来源于近邻的三

氮原子(镓原子)具有五个(三个)价电子。空位缺陷的 ZGaNNR 系统的净磁矩主要来源于空位周围的原子，这能从图 4-12 中得到。

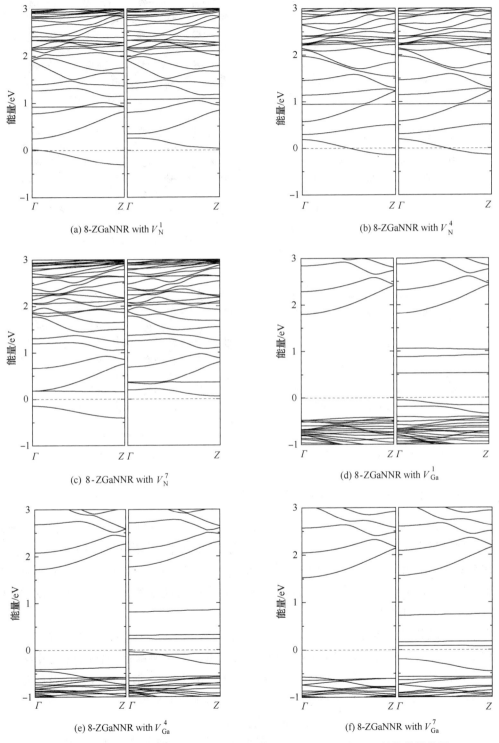

(a) 8-ZGaNNR with V_N^1

(b) 8-ZGaNNR with V_N^4

(c) 8-ZGaNNR with V_N^7

(d) 8-ZGaNNR with V_{Ga}^1

(e) 8-ZGaNNR with V_{Ga}^4

(f) 8-ZGaNNR with V_{Ga}^7

图 4-11　8-ZGaNNR 中的 V_N^i 或 V_{Ga}^i 空位在位置 $i=1$，$i=4$ 和 $i=7$ 的能带结构图

注：每幅图中，左边平面对应自旋向上，右边平面对应自旋向下。

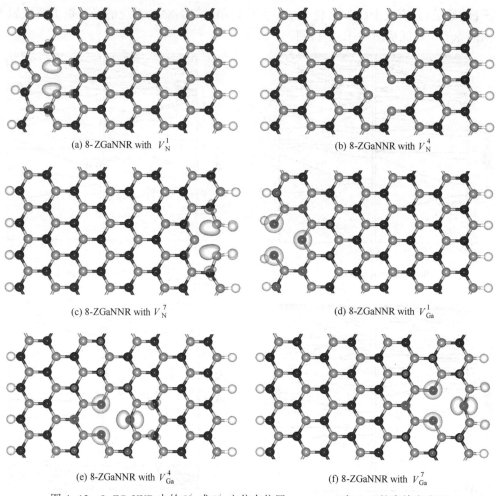

(a) 8-ZGaNNR with V_N^1 (b) 8-ZGaNNR with V_N^4

(c) 8-ZGaNNR with V_N^7 (d) 8-ZGaNNR with V_{Ga}^1

(e) 8-ZGaNNR with V_{Ga}^4 (f) 8-ZGaNNR with V_{Ga}^7

图 4-12　8-ZGaNNR 中的 V_N^i 或 V_{Ga}^i 空位在位置 $i=1$，$i=4$ 和 $i=7$ 的自旋密度图

4.3.3　碳掺杂 GaN 纳米带的电子性质

随着合成技术的发展，通过不同方法掺杂纳米结构来调谐材料电子结构及相关电子或光电特性的研究吸引了越来越多的关注。因此，本章致力于研究碳掺杂对 GaN 纳米带的影响，以碳掺杂 6-ZGaNNR 和 6-AGaNNR 作为模型系统。掺杂构型由一个碳原子替换掺杂一个氮或一个镓原子(在边缘或非边缘位置)即四种不同的掺杂位置被考虑，碳掺杂 6-ZGaNNR 和 6-AGaNNR的结构如图 4-3 所示。

由于碳、氮和镓之间价电子的差异，当一个氮或镓原子被一个碳原子替换时，一个局域的结构变形可能发生。对于 6-ZGaNNR 和 6-AGaNNR，碳替换掺杂四种结构的沿着二聚物链和锯齿形链 C—Ga 和 C—N 键长(d_{C-Ga}^A、d_{C-Ga}^Z、d_{C-N}^A 和 d_{C-N}^Z)、形成能(E_f)以及磁矩(μ)值列在表 4-2 中。单个碳原子替换掺杂 GaN 纳米带的形成能定义为：

$$E_f = (E_2 + E_S) - (E_1 + E_C) \qquad (4-2)$$

式中，E_1 是纯 GaN 纳米带的总能量，E_2 是碳替换掺杂 GaN 纳米带的总能，E_C 和 E_S 分别是一个自由碳原子和一个自由氮或镓原子能量。计算得到负的形成能意味着替换掺杂过程是放热的。比较在纯 GaN 纳米带中 N—Ga 键的平均键长 1.87Å，发现当一个碳原子替换一个氮原子将导致轻微的局域膨胀(见第 3 列和第 4 列)，然而当一个碳原子替换一个镓原子将导致大的局域收缩(见第 3 列和第 4 列)。这是因为碳的共价半径 0.77Å 比氮的 0.75Å 要大，而比镓的 1.26Å 要小；其次，在 6-ZGaNNR 或 6-AGaNNR 中从形成能最小化来看，当一个氮或镓原子被一个碳原子替换时，碳原子首选替换边缘的 N1 或 Ga1 原子，然而最匹配的替换原子是镓原子，尤其是 6-AGaNNR 中边缘的 Ga1 原子；第三，在 6-ZGaNNR 或 6-AGaNNR 中，当一个氮原子被碳原子替换时，体系存在大约 0.65μ_B 的磁矩，分析得到体系的磁矩主要来源于碳原子。这是因为碳原子和它最近邻的镓原子间的相互作用是非常弱的，这能从大的 d_{C-Ga}^A 和 d_{C-Ga}^Z 键长或几乎为零的形成能判断得到。这种现象是不同于碳替换掺杂镓原子的情况，碳原子和它最近邻的氮原子间的相互作用是非常强的，这也能从小的 d_{C-Ga}^A 和 d_{C-Ga}^Z 键长或大的绝对值形成能判断得到，这些结果也满足了电负性机制。另外，磁矩取向在同方向上，这意味着掺杂物碳原子和它的近邻镓原子间是铁磁耦合。

一个氮或镓原子被一个碳原子替换导致 GaN 纳米带的电子分布发生了改变，故也改变了它的电子结构和性质。纯 6-ZGaNNR 和在 6-ZGaNNR 中碳替换掺杂 N1、N2、Ga1、Ga2 以及纯 6-AGaNNR 和在 6-AGaNNR 中碳替换掺杂 N1、N2、Ga1、Ga2 的能带结构如图 4-13(a)~图 4-13(j)所示。Γ 和 Z 分别代表两个在布里渊区域内的高对称点，即(0, 0, 0)和(0, 0, 0.5)点，在图中费米能级被设置为零且用水平的虚线标示。比较纯 6-ZGaNNR 和 6-AGaNNR 自旋向上和向下完全重叠的能带结构，发现当一个氮原子被一个碳原子替换时[图 4-13(b)、图 4-13(c)、图 4-13(g)和图 4-13(h)]，除了一个非常平的自旋向下带出现在费米能级上的带隙区域里外，大部分带仍然是自旋重叠的，这个平带对应着受主态，这是因为掺杂的碳提供了一个载流子即空穴。相反，当一个镓原子被一个碳原子替换时[图 4-13(d)、图 4-13(e)、图 4-13(i)和图 4-13(j)]导致费米能级向上移到导带区域并穿过最低导带，但仍然是自旋重叠的，这显示一个镓原子被碳原子替换了的 GaN 纳米带显现出半金属性质，但是无磁性。

表 4-2　对于 6-ZGaNNR 和 6-AGaNNR，碳替换掺杂四种结构的沿着二聚物链和锯齿形链 C—Ga 和 C—N 键长(d_{C-Ga}^A、d_{C-Ga}^Z，d_{C-N}^A 和 d_{C-N}^Z)、形成能(E_f)以及磁矩(μ)

类　型	掺杂位置	d_{C-Ga}^A/Å	d_{C-Ga}^Z/Å	d_{C-N}^A/Å	d_{C-N}^Z/Å	E_f/eV	μ/μ_B
6-ZGaNNR	N1		1.898			−0.133	0.66
	N2	1.914	1.905			+0.143	0.65
	Ga1				1.352	−6.045	0
	Ga2			1.412	1.373	−5.479	0
6-AGaNNR	N1	1.921	1.923			−0.026	0.64
	N2	1.923	1.915			+0.126	0.65
	Ga1			1.349	1.329	−6.553	0
	Ga2			1.384	1.400	−4.949	0

纯 6-ZGaNNR 和在 6-ZGaNNR 中碳替换掺杂 N1、N2、Ga1、Ga2(左边平面)以及纯 6-AGaNNR 和在 6-AGaNNR 中碳替换掺杂 N1、N2、Ga1、Ga2(右边平面)的态密度图如图 4-14(a)~图 4-14(j)所示,图中费米能级被设置为零且用垂直的虚线标示。从图中可以得到碳原子替换 6-ZGaNNR 中的氮原子[图 4-14(b)和图 4-14(c)]或 6-AGaNNR 中的氮原子[图 4-14(g)和图 4-14(h)],在费米能级上有一个自旋向下的杂质态(受主态)被箭头标记。剩下的六种能带结构[图 4-14(a)、图 4-14(d)、图 4-14(e)、图 4-14(i)、图 4-14(j)、图 4-14(f)]的自旋向上和向下是对称的,因此这六种结构不显磁性。对于碳原子替换 6-ZGaNNR 中的镓原子[图 4-14(d)和图 4-14(e)]或 6-AGaNNR 中的氮原子[图 4-14(i)和图 4-14(j)],由于碳原子比镓原子多一个价电子,导致额外价电子主要位于碳原子周围,并在费米能级附近产生了施主态。这意味着非磁性的 GaNNR 纳米带中的镓原子被一个碳元替换后仍然保持非磁性,但其系统表现出具有 100% 自旋极化的半金属特性,所以对于自旋电子学应用,这些掺杂系统是很好的 DMSs 材料。

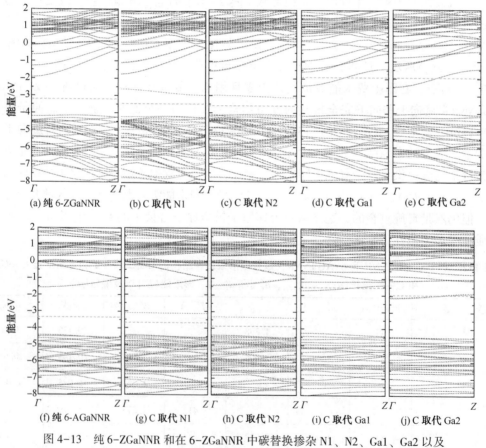

图 4-13　纯 6-ZGaNNR 和在 6-ZGaNNR 中碳替换掺杂 N1、N2、Ga1、Ga2 以及
纯 6-AGaNNR 和在 6-AGaNNR 中碳替换掺杂 N1、N2、Ga1、Ga2 的能带结构图
注:费米能级设为零能量处并用水平虚线标示。

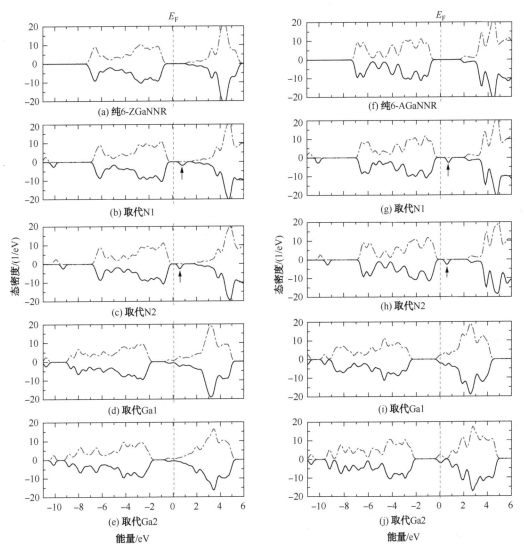

图 4-14　纯 6-ZGaNNR 和在 6-ZGaNNR 中碳替换掺杂 N1、N2、Ga1、Ga2 以及
纯 6-AGaNNR 和在 6-AGaNNR 中碳替换掺杂 N1、N2、Ga1、Ga2 的态密度图

注：费米能级设为零能量处并用垂直虚线标示。

4.4 小　　结

在本章中，采用密度泛函框架下的第一性原理方法系统地研究了 GaN 纳米带和缺陷 GaN 纳米带的结构和电磁特性，得到如下结论：

（1）GaNNRs 是非磁性的，N_z-ZGaNNRs 和 N_a-AGaNNRs 的能带结构相似，不同的是 N_z-ZGaNNRs 为间接带隙的半导体，而 N_a-AGaNNRs 是直接带隙的半导体。

（2）N_z-ZGaNNRs 和 N_a-AGaNNRs 的带隙逐渐减少，并靠近单层 GaN 片的渐进限制线，对于同样宽度的 ZGaNNRs 和 AGaNNRs，AGaNNRs 的带隙比 ZGaNNRs 的带隙要大。

（3）外加电场能够调谐 GaNNRs 的结构和电子特性，随着增加的电场强度，6-ZGaNNR

的带隙逐渐减少，并带隙最终关闭在一个电场强度为 7.5eV/Å 处。

（4）对于 8-ZGaNNR 中不同位置的氮空位或镓空位，其空位形成能是正值，表明空位的形成过程是吸热的。而且在每一个对等的几何位置，氮空位的形成要比镓空位的形成容易。

（5）对于非边缘空位 V_N^4 或 V_{Ga}^4，一个 12 元环形成；对于边缘空位 V_N^7 或 V_{Ga}^1，一个开的 9 元环形成，但一个 12 元环被形成对于邻近边缘空位 V_N^1 或 V_{Ga}^7。氮空位周围的三个最近邻的镓原子有一个向内弛豫，然而对镓空位周围的三个最近邻的氮原子有一个向外弛豫。

（6）除了 V_N^4 空位缺陷系统是非磁性的外，对于 V_N^i 或 V_{Ga}^i（$i=1$，$i=4$ 和 $i=7$）空位缺陷系统，在费米能级附近的自旋向上和自旋向下是不对称的。对于 8-ZGaNNR 中的 V_N^1 空位，自旋向上带穿过费米能级，然而自旋向下带在费米能级周围有一个带隙，这意味这 V_N^1 空位缺陷的 8-ZGaNNR 表现出半金属性质，并具有 100% 极化率。

（7）V_N^i（$i=1\sim7$）缺陷的 ZGaNNRs 系统的电子和磁性性质依赖于缺陷位置，然而对于 V_{Ga}^i（$i=1\sim7$）缺陷系统，它们的性质很少依赖于缺陷位置，且 V_{Ga}^i 空位缺陷 8-ZGaNNR 的磁矩比 V_N^i 空位缺陷 8-ZGaNNR 的磁矩要大。

（8）由于 C—Ga（C—N）和 N—Ga 键之间的差异，当一个氮或镓原子被一个碳原子替换时，一个局域的结构变形可能发生。当一个碳原子替换一个氮原子将导致轻微的局域膨胀，然而当一个碳原子替换一个镓原子将导致大的局域收缩。

（9）碳原子首选替换边缘的 N1 或 Ga1 原子，然而最匹配的替换原子是镓原子，尤其是 6-AGaNNR 中边缘的 Ga1 原子。在 6-ZGaNNR 或 6-AGaNNR 中，当一个氮原子被碳原子替换时，体系存在大约 $0.65\mu_B$ 的磁矩，分析得到体系的磁矩主要来源于碳原子。

参 考 文 献

1　Pan Z W, Dai Z R, Wang Z L. Nanobelts of Semiconducting Oxides[J]. Science, 2001, 291: 1947~1949.

2　Li Z J, Chen X L, Li H J, et al. Synthesis and Raman Scattering of GaN Nanorings, Nanoribbons and Nanowires[J]. Appl Phys A, 2001, 72(5): 629~632.

3　Bae S Y, Seo H W, Park J, et al. Synthesis and Structure of Gallium Nitride Nanobelts[J]. Chem Phys Lett, 2002, 365(5~6): 525~529.

4　Kong X Y, Wang Z L. Structures of Indium Oxide Nanobelts[J]. Solid State Commun., 2003, 1128(1): 1~4.

5　Cu Y, Wei Q Q, Park H k, et al. Nanowire Nanosensors for Highly Sensitive and Selective Detection of Biological and Chemical Species[J]. Science, 2001, 293: 1289~1292.

6　Li H M, Dai J, Li J, et al. Electronic Structures and Magnetic Properties of GaN Sheets and Nanoribbons[J]. J. Phys. Chem. C, 2010, 114(26): 11390~11394.

7　Kohn W, Sham L J. Self-Consistent Equations Including Exchange and Correlation Effects[J]. Phys. Rev., 1965, 140(4A): A1133~A1138.

8　Kresse G, Joubert D. From Ultrasoft Pseudopotentials to the Projector Augmented-Wave Method[J]. Phys. Rev. B, 1999, 59(3): 1758~1775.

9　Kresse G, Hafner J. Ab Initio Molecular Dynamics for Liquid Metal[J]. Phys. Rev. B, 1993, 47(1): 558~561.

10　Kresse G, Furthmuler J. Efficient Iterative Schemes for Ab Initio Total-Energy Calculations Using a Plane-Wave Basis Set[J]. Phys. Rev. B, 1996, 54(16): 11169~11186.

11　Kresse G, Furthmuler J. Efficient of Ab Initio Total-Energy Calculations for Metals and Semiconductors Using a Plane-Wave Basis Set[J]. Comput. Mater. Sci, 1996, 6(1): 15~50.

12　Kresse G, Hafner J. Ab Inition Molecular-Dynamics Simulation of the Liqiud-Metla-Amorphous-Semiconductor Transition in Germanium[J]. Phys. Rev. B, 1994, 49(20): 14251~14269.

13　Böchl P E. Projector Augmented-Wave Method[J]. Phys. Rev. B, 1994, 50(24): 17953~17979.

14　Kresse G, Joubert D. From Ultrasoft Pseudopotentials to the Projector Augmented-Wave Method[J]. Phys. Rev. B, 1999, 59(3): 1758~1775.

15　Perdew J P, Burke K, Ernzerhof M. Generalized Gradient Approximation Made Simple[J]. Phys. Rev. Lett., 1996, 77(18): 3865~3868.

16　Monkhorst H J, Pack J D. Special Points for Brillouin-Zone Integrations[J]. Phys. Rev. B, 1976, 13(12): 5188~5192.

17　Methfessel M, Paxton A T. High-Precision Sampling for Brillouin-Zone Integration in Metals[J]. Phys. Rev. B, 1989, 40(6): 3616~3621.

18　Teter M P, Payne M C, Allan D C. Solution of Schrödinger's Equation for Large Systems[J]. Phys. Rev. B, 1989, 40(18): 12255~12263.

19　Nakada K, Fujita M. Edge State in Graphene Ribbons: Nanometer Size Effect and Edge Shape Dependence [J]. Phys. Rev. B, 1996, 54(24): 17954~17961.

20　Du A J, Smith S C, Lu G Q. First-Principle Studies of Electronic Structure and C-Doping Effect in Boron Nitride Nanoribbon[J]. Chem. Phys. Lett., 2007, 447(4~6): 181~186.

21　Du A J, Zhu Z H, Chen Y, et al. First Principle Studies of Zigzag AlN Nanoribbon[J]. Chem. Phys. Lett., 2009, 469(1~3): 183~185.

22　Son Y W, Cohen M L, Louie S G. Energy Gaps in Graphene Nanoribbons[J]. Phys. Rev. Lett., 2006, 97 (21): 216803-216804.

23　Miyamoto Y, Nakada K, Fujita M. First-Principles Study of Edge States of H-Terminated Graphitic Ribbons [J]. Phys. Rev. B, 1999, 59(15): 9858~9861.

24　Nakamura J, Nitta T, Natori A. Electronic and Magnetic Properties of BNC Ribbons[J]. Phys. Rev. B, 2005, 72(20): 205429-5.

25　Topsakal M, Aktürk E, Sevincli H, et al. First-Principles Approach to Monitoring the Band Gap and Magnetic State of a Graphene Nanoribbon Via Its Vacancies[J]. Phys. Rev. B, 2008, 78(23): 235435-6.

26　Yazyev O V, Helm L. Defect-Induced Magnetism in Graphene[J]. Phys. Rev. B, 2007, 75(12): 125408-5.

第5章 过渡金属吸附二维 GaN 单层纳米片的电子结构和磁性

5.1 引 言

作为一种新型的碳基纳米材料，石墨烯基纳米材料已成为目前科学研究最前沿的课题之一。特别是其对原子、分子的吸附性质成为众多科研工作者追逐的热点。因为石墨烯基纳米材料具有超高的比表面积、良好的热学和化学稳定性、易于合成、材料丰富、成本低等优点，因此，石墨烯基纳米材料是有前景的吸附材料。

众所周知，理想石墨烯是完美的二维网状结构，其对分子的吸附一般为较弱的物理吸附。因此，要想实现石墨烯基材料对气体分子优异的吸附性能，我们必须对理想石墨烯进行改性。而掺杂、取代、缺陷、化学官能团修饰等都是改变材料性能的有效手段。

石墨烯最典型的缺陷形式为 Stone-Wales 缺陷。因英国剑桥大学的 Anthony Stone 和 David Wales 在研究富勒烯时首次发现而命名。Stone-Wales 缺陷是发生在碳纳米管和石墨烯上的晶体缺陷，对碳纳米管的力学性能有重要影响。Stone-Wales 缺陷的形成是以 C—C 键中一个碳原子为固定点，沿着键长方向将另一个碳原子旋转 90°，从而将石墨烯结构中的四个六边形改变成两个五边形和两个七边形的缺陷晶体。

2003 年，Picozzi 等人探索了臭氧分子吸附本征石墨烯和 Stone-Wales 缺陷石墨烯的相互作用。通过对键长、键角、态密度等方面的分析得出，臭氧吸附本征石墨烯的反应为简单的物理吸附，吸附 Stone-Wales 缺陷石墨烯的作用为化学反应。Qin 等人使用密度泛函理论，广义梯度近似方法计算了 Al 修饰本征石墨烯吸附甲醛(H_2CO)分子及 Al 修饰 Stone-Wales 缺陷石墨烯吸附甲醛分子的电子结构，计算表明，Stone-Wales 缺陷石墨烯比本征石墨烯检测甲醛分子的能力更加敏感。Al 掺杂 Stone-Wales 缺陷石墨烯片层吸附甲醛分子复杂体系的结合能比本征石墨烯体系的吸附能高。该复合体系的态密度(Density of States)显示，Al 原子与 C 原子间存在轨道杂化，这也是导致吸附增强的主要原因。Wang 等人通过第一性原理计算 Fe 原子吸附 Stone-Wales 缺陷石墨烯电子性质，Fe 原子的 3d 轨道和 C 原子助轨道的相互作用，导致费米能级附近 Fe 原子 3d 态价带顶和导带底间距几乎减为零，Stone-Wales 缺陷的存在，增强了石墨烯对 Fe 原子的吸附能力。

2008 年，加州劳伦斯伯克利国家实验室的 Kevin 等人利用第一性原理，计算了 12 种不同金属原子吸附本征石墨烯。在吸附的金属原子中，最常见的吸附原子为过渡金属原子。3d 过渡金属 Fe、Co、Ni 原子最稳定的吸附位置为碳六元环的中心位置(H 位)。其他过渡金属原子的吸附位置首选碳原子正上方顶位(T 位)，而桥位(B 位)对过渡金属原子的吸附并不稳定，但是桥位(B 位)却是 Pt 原子吸附石墨烯基底最稳定的吸附位置。Fe 原子和 Co 原子吸附石墨烯体系具有铁磁性，Ni 原子吸附无磁性。2008 年，Sevinçli 等人计算得出 3d 过渡金属原子的吸附能范围为 0.1~1.95eV。此外，从 Co、Fe 和 Ti 原子团簇形成和扩散势垒分析得出，Ti 原子扩散势垒为 0.74eV，而 Fe 原子扩散势垒相对容易得多。Fe 或者是 Ti 的吸附能使石墨烯变成半金属，并且具有在费米面 100% 的自旋极化。Hu 等人利用密度泛函理论广义梯度近似（GGA），计算了石墨烯吸附 15 种不同的过渡金属原子的吸附能、稳定几何结构、态密度和磁矩。包括第三周期 Sc 原子到 Zn 原子区间的所有原子，以及贵金属 Pd、Pt、Ag、Au 和 Mo 原子共 15 种原子。据有关文献报道，金属原子吸附性能的增强源自吸附原子与石墨烯电子态之间的强烈杂化。根据吸附位置的分析表明：吸附原子与石墨烯之间主要以化学键方式结合。具有半满 d 壳层的过渡金属原子 Ag、Au、Zn 吸附能较小。吸附石墨烯平面后金属原子磁矩下降。这一现象是由于电荷转移以及吸附原子的电子在不同轨道间的转移所引起的。最近，Cao 等人分别利用第一原理广义梯度近似（GGA）和局域自旋密度近似（LSDA），研究 Fe、Co、Ni 和 Cu 原子吸附本征石墨烯平面的电子结构和磁性，研究发现除 Cu 原子以外，其他三种原子吸附石墨烯的结合方式均为化学吸附。

随着石墨烯研究的快速发展，二维晶体日趋受到各国学者的重视。单层六角氮化硼（BN Sheet）的六角蜂窝状晶格结构与石墨烯相似，已经成为二维晶体材料领域的研究热点之一。BN Sheet 拥有一些石墨烯所没有的优点。BN Sheet 的化学和热稳定性非常高，但是同时其热导性和力学性能与石墨烯差不多。因此，BN Sheet 可能适宜在高温氧化环境中应用，在这样的环境中，石墨烯可能要化为灰烬。近年来，开展了一些过渡金属吸附 BN Sheet 的研究工作。2010 年，Zhou 等人利用局域密度近似的密度泛函理论研究了 Fe、Co 和 Ni 单原子吸附的 BN Sheet。Fe 吸附 BN 单层纳米片系统具有半金属特性，同时 Co 吸附 BN 单层纳米片系统变成了一个窄带隙的半导体。然而，Ni 吸附 BN 单层纳米片系统拥有和纯的 BN 单层纳米片系统相同的带隙且没有磁性发现在这吸附系统中。Actaca 等人利用广义梯度近似研究了一系列杂质原子掺杂的 BN Sheet，考虑了高、低两种覆盖度。2012 年，Li 等人介绍了一个详细关于 $3d$ 过渡金属吸附 BN 单层纳米片的报告，在费米面和最高占据分子轨道上，他们发现 V、Cr、Mn、Fe 和 Co 吸附在 BN 单层纳米片有 100% 自旋极化。2015 年，Lei 等人调查了过渡金属原子吸附在像石墨烯结构的 ZnO 单层纳米片，使用第一性原理计算和分子动力学模拟对 ZnO 单层纳米片中的 Zn 原子用过渡金属原子替换。2015 年，Mu 采用自旋极化广义梯度的密度泛函理论研究了非金属元素吸附 GaN 单层纳米片。他发现，通过在一定覆盖范围吸附特定的非金属原子，宽带隙非磁性 GaN 单层纳米片能被调制成半金属或者窄带隙半导体。

这些研究表明，吸附对改变像石墨烯结构单层纳米片的电子和磁性特性是一种有效的途径。然而，直到目前为止，很少有研究工作关于过渡金属原子吸附 GaN 单层纳米片的报道。最近，我们预测了 Cr、Mn、Fe、Co 和 Ni 掺杂 GaN 单层纳米片具有磁性特征。

5.2　计算方法和模型

本章中的自旋极化总能和电子结构计算由基于密度泛函理论的 Kresse 等人开发的 VASP 软件包完成。基于广义梯度近似的密度泛函理论计算比局域密度近似能够更好地描述磁体系。离子和电子的相互作用采用投影缀加波（PAW）方法。在广义梯度近似（GGA）下，交换关联能采用能够产生正确吸附系统基态的 Perdew-Burke-Ernzerhof（PBE）形式来处理。为了模拟单个过渡金属原子吸附在 GaN 纳米片上，我们选择 4×4×1 计算超胞，在模拟的超胞中，包含 16 个 Ga 原子和 16 个 N 原子以及一个过渡金属原子。电子波函数用平面波基组展开，平面波截断能取 500eV。相邻单层 GaN 纳米片之间有一 20Å 的真空层，用以尽量消除相邻层间的相互作用。布里渊区中积分采用的是以 Gamma 为中心的 Monkhorst-Pack 方法，选取 9×9×1 的 k 网格点。为了避免由费米能处的跨越和准退化引起的不稳定性，计算采用拖尾宽度为 0.1eV 的 Methfessel-Paxton order N(N=1)方法。在结构优化过程中保持超原胞的晶格常数不变，但是所有的内坐标允许优化，当每个原子最大受力小于 0.02eV/Å 时，且最后连续两步总能量收敛值小于 1.0×10^{-5} eV 时，结构优化停止。

纯的 GaN 单层纳米片是一个具有二维平面、非极性、原子厚度和 D_{3h} 对称结构的薄膜。自旋极化计算表明，GaN 单层纳米片是非磁性半导体，并具有 2.12eV 间接带隙。计算的 Ga—N 键长为 1.87Å，这与以前计算报道的值是一致的。

5.3 过渡金属吸附 GaN 单层纳米片的几何结构和稳定性

两个近邻过渡金属吸附原子间的距离比其在体中的要大，从而最近邻吸附原子间的相互作用是微弱的，因此吸附系统能被考虑成单个过渡金属原子吸附 GaN 单层纳米片。图 5-1(a)显示了四种初始的吸附位置，即氮原子正上 N 位置、镓原子正上 Ga 位置、Ga—N 键中心正上方 B 位置、GaN 六元环中心正上方 H 位置。单个过渡金属原子吸附的稳定性能用结合能判定。吸附系统的结合能(E_b)定义为：

$$E_b = E_{GaN} + E_{TM} - E_{GaN+TM} \tag{5-1}$$

式中，E_{GaN} 是纯的 GaN 单层纳米片的总能量，E_{TM} 是单个过渡金属原子能量，E_{GaN+TM} 是过渡金属原子吸附 GaN 单层纳米片的系统总能量。按照定义，一个正的结合能值对应着吸附过程是放热的。计算的结合能值和相对应的结构参数包括过渡金属原子和它最近邻氮原子间的键长(d_{TM-N})，以及过渡金属原子核它最近邻镓原子间的键长(d_{TM-Ga})。当过渡金属原子起始放置在 B 位置时，经过结构优化，金属原子总是自发迁移到氮原子上方，即 T_N 位置。图 5-1(b)给出了过渡金属原子四种吸附位置结合能的示意图。从图中我们能发现，过渡金属原

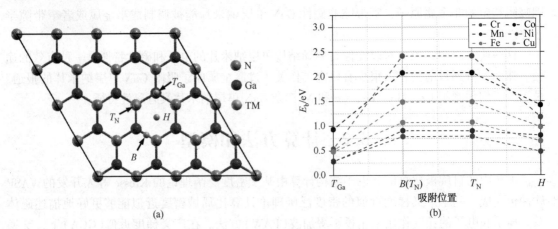

图 5-1 过渡金属原子吸附 4×4 超胞 GaN 单层纳米片的四种可能吸附位置(a)和
过渡金属原子吸附 GaN 单层纳米片四种可能吸附位置的结合能(b)示意图

子在 T_N 位置产生最强的结合，然后依次是 H 和 T_{Ga} 位置，这表明 T_N 位置是最稳定的吸附位置。

结构优化表明，过渡金属原子吸附导致了有效的晶格形变，这主要是因为过渡金属原子和 GaN 单层纳米片之间存在相对较强的相互作用。为了调查形变产生的过程，最稳定 T_N 位置吸附的结构优化图如图 5-2 所示。从图中能发现，Cr 在 T_N 位置吸附 GaN 单层纳米片有最大的 Cr—N 键长（2.03Å）对应着最低的结合能（0.79eV）。对 Mn、Fe、Co 和 Ni 吸附 GaN 单层纳米片，TM—N 键长从 1.92Å 逐渐减小到 1.77Å，然而对应的结合能值从 0.90eV 逐渐增大到 2.42eV。一个例外是 Cu 吸附 GaN 单层纳米片，1.98Å 的 Cu—N 键长对应着一个较高的 1.07eV 结合能。对过渡金属原子吸附 GaN 单层纳米片，我们发现在 T_N 吸附位置周围的 Ga—N 键长范围从 1.92Å 逐渐增大到 1.98Å，也就是说 Ga—N 键长有轻微的改变与纯的 GaN 单层纳米片中 1.87ÅGa—N 键长相比较，这表明在 T_N 吸附位置周围存在结构形变。在 H 位置，平均的 TM—N 键长比 TM—Ga 键长要小，这意味着六元环中的三个 Ga 原子向内收缩，由于 N 和 TM 原子之间有更强的相互吸引，导致了三个 N 原子向外移动而靠近 TM 原子。为了更进一步地调查过渡金属吸附系统的化学键性质，我们研究了过渡金属吸附 GaN 单层纳米片 T_N 位置的差分电荷密度（$\rho_{GaN+TM} - \rho_{GaN} - \rho_{TM}$），如图 5-3 所示。从图中我们发现一个明显的电荷聚集出现在过渡金属吸附原子和吸附位置的最近邻氮原子区域，这意味着一个强的共价结合特性存在于 TM—N 键中。

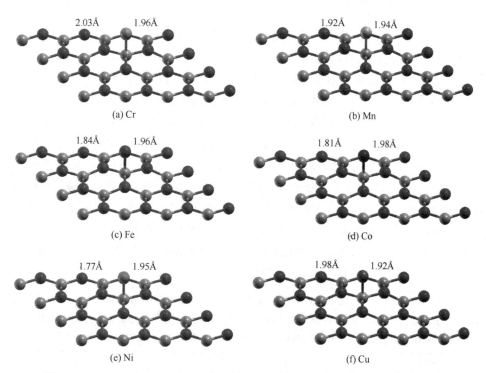

图 5-2 Cr、Mn、Fe、Co、Ni、Cu 吸附 GaN 单层纳米片 T_N 位置的结构优化图

注：每一幅图的过渡金属原子左边值是 TM—N 键长，右边值是 T_N 位置周围的 Ga—N 键长。

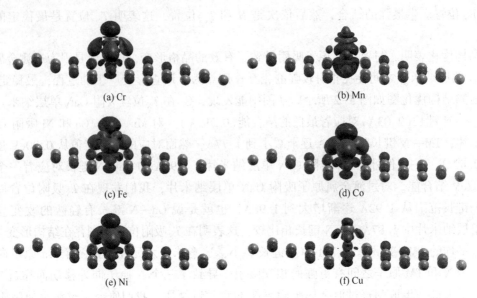

(a) Cr   (b) Mn

(c) Fe   (d) Co

(e) Ni   (f) Cu

图 5-3   Cr、Mn、Fe、Co、Ni、Cu 吸附 GaN 单层纳米片 T_N 位置的差分电荷密度图

注：等密度面电荷取值大小为 0.001e/Å。

5.4   过渡金属吸附 GaN 单层纳米片的磁性和自旋电荷密度

吸附系统的磁性是研究过渡金属吸附 GaN 单层纳米片的一个重要方面。表 5-1 列出了采用 Bader 方法计算的吸附系统总磁矩和过渡金属吸附原子局域磁矩。与过渡金属吸附原子的局域磁矩比较，研究发现吸附系统的总磁矩主要来源于过渡金属原子。容易理解，因为纯的 GaN 单层纳米片是非磁性半导体，故过渡金属吸附系统的磁性应该起源于过渡金属原子。对 Cr、Fe、Co、Ni 和 Cu 吸附 GaN 单层纳米片在 T_N 和 H 位置，吸附系统的总磁矩比孤立过渡金属原子的磁矩要低，这是由于过渡金属原子和 GaN 单层纳米片之间存在强的相互作用。然而，一个例外是 T_{Ga} 吸附，吸附系统总磁矩值等同于对应的孤立过渡金属原子磁矩值。我们也发现，Mn 吸附系统的总磁矩是独立于吸附位置的，这种现象类似于我们以前研究的 Mn 吸附锯齿型(8，0)GaN 纳米管。Mn 吸附系统的总磁矩是 $5\mu_B$/原胞，等同于孤立 Mn 原子的磁矩。这一独特的特征能用来制造一个用金属覆盖 GaN 单层纳米片的分子磁体。当 Ni 原子吸附在 N 原子正上方时，吸附系统和过渡金属吸附原子磁矩完全消失，这可能是由于 Ni 吸附原子和 GaN 单层纳米片之间存在较强的化学相互作用。

表 5-1   不同过渡金属单个原子吸附 GaN 单层纳米片上三种稳定位置的结合能(E_b)，N—TM(d_{TM-N})和 Ga—TM(d_{TM-Ga})键长，吸附系统总磁矩(μ_{tot})、过渡金属吸附原子局域磁矩(μ_{TM})和单个自由原子的净磁矩(μ_i)，Bader 电荷转移从过渡金属原子到 GaN 单层纳米片上的量(C)

原　子	位　置	E_b/eV	d_{TM-N}/Å	d_{TM-Ga}/Å	μ_{tot}/μ_B	μ_{TM}/μ_B	μ_i/μ_B	C/e
	T_N	0.79	2.03		4.00	3.79		0.47
Cr	H	0.48	2.88[a]	2.89[b]	5.99	5.58	6.00	0.28
	T_{Ga}	0.29		2.82	6.00	5.70		0.19

续表

原　子	位　置	E_b/eV	d_{TM-N}/Å	d_{TM-Ga}/Å	μ_{tot}/μ_B	μ_{TM}/μ_B	μ_i/μ_B	C/e
Mn	T_N	0.90	1.92		5.00	4.69		0.31
	H	0.81	2.83[a]	2.95[b]	5.00	4.68	5.00	0.30
	T_{Ga}	0.28		2.62	5.00	4.55		0.12
Fe	T_N	1.48	1.84		2.04	1.76		0.28
	H	0.98	2.64[a]	2.65[b]	4.00	3.62	4.00	0.23
	T_{Ga}	0.50		2.62	4.00	3.54		0.15
Co	T_N	2.08	1.81		1.00	0.79		0.18
	H	1.42	2.51[a]	2.56[b]	2.89	2.38	3.00	0.13
	T_{Ga}	0.93		2.47	3.00	2.61		0.05
Ni	T_N	2.42	1.77		0.00	0.00		0.16
	H	1.18	2.33[a]	2.53[b]	0.23	0.16	2.00	0.07
	T_{Ga}	0.54		2.45	2.00	1.73		0.03
Cu	T_N	1.07	1.98		0.97	0.65		0.03
	H	0.69	2.65[a]	2.71[b]	0.98	0.68	1.00	0.01
	T_{Ga}	0.48		2.46	1.00	0.68		0.01

注：1 [a]平均TM—N；[b]平均TM—Ga键长。

　2 对每一种过渡金属原子，加粗的字母代表最稳定的吸附结构。

从净自旋电荷密度（$\rho_{majority}$-$\rho_{minority}$）能够更好地调查吸附系统磁矩分布情况，如图5-4所示。我们以最稳定的过渡金属吸附系统作为例子，从图中能发现净自旋电荷密度主要分布在过渡金属原子上。吸附位置最近邻的N原子被诱导净自旋电荷密度，这意味着过渡金属原

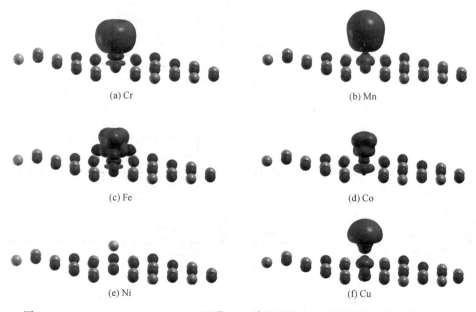

(a) Cr　　　　　　　　　　　　　　　　(b) Mn

(c) Fe　　　　　　　　　　　　　　　　(d) Co

(e) Ni　　　　　　　　　　　　　　　　(f) Cu

图5-4　Cr、Mn、Fe、Co、Ni、Cu吸附GaN单层纳米片T_N位置的净自旋电荷密度图

注：等密度面电荷取值大小为0.005e/Å。

子和近邻氮原子间存在轨道耦合。Ni 吸附系统的净自旋电荷密度为零。净自旋电荷密度分析表明，过渡金属吸附系统的磁矩主要集中在过渡金属吸附原子，吸附位置最近邻的氮原子也有轻微的贡献。

5.5 过渡金属吸附 GaN 单层纳米片的电子性质

对于过渡金属吸附 GaN 单层纳米片 T_N 位置的总态密度和投影到 N2p、Ga4p 和 TM3d 轨道的部分态密度如图 5-5 所示。对每一幅图，正和负的态密度分别代表自旋向上和向下态。费米能级设置在零能处并用竖直虚线标示。对所有的过渡金属吸附系统，从态密度图中能清楚地看到过渡金属吸附诱导的杂质态出现在纯的 GaN 单层纳米片的带隙中。同时，除 Ni 吸

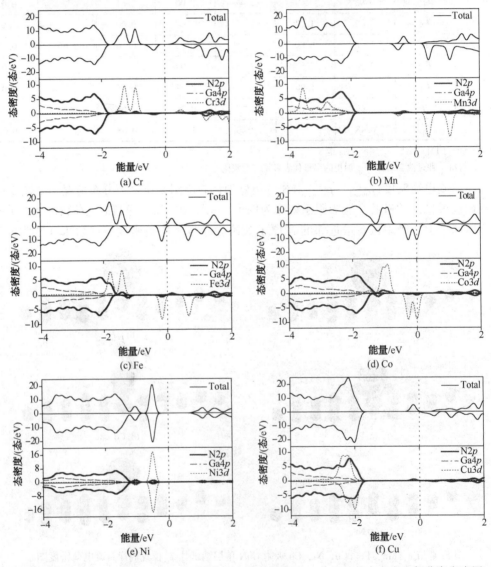

图 5-5　Cr、Mn、Fe、Co、Ni、Cu 吸附 GaN 单层纳米片 T_N 位置的总态密度和部分态密度图

附系统外，所有的吸附系统显示出自旋极化的性质。在费米能级附近，六种过渡金属吸附系统的态密度都呈现出 N2p 态和 TM3d 态明显重叠现象。这表明，杂化存在于过渡金属吸附原子和吸附位置最近邻的氮原子之间。Bader 电荷分析(见表 5-1 最后一列)表明，过渡金属吸附原子和氮原子之间的杂化归结于过渡金属原子和 GaN 单层纳米片之间的电荷转移。由于 N 原子具有大的电子亲和力导致了电荷从过渡金属原子转移到 GaN 单层纳米片上，大多数转移的电荷分布在吸附位置最近邻的 N 原子上，因此在过渡金属原子和氮原子之间有一个加强的相互作用。

Cr 吸附系统的态密度如图 5-5(a)所示，我们能看到态密度在费米能级附近出现反对称现象，这意味着存在自旋极化。部分态密度分析表明，出现在费米能级以下能量区间 $-1.28 \sim -0.93$eV 能量范围内的自旋向上态主要由 Cr 吸附原子的 3d 态和吸附位置最近邻 N 原子的 2p 态组成。然而，-0.35eV 处对应的自旋向下峰主要由 Cr 吸附原子的 3d 态和吸附位置最近邻 Ga 原子的 4p 态贡献。在图 5-5(b)中，我们发现，在费米能级附近的自旋向上态和向下态之间发生了一个明显的自旋劈裂。-0.36eV 处对应的自旋向上峰由 Mn 吸附原子的 3d 态和吸附位置最近邻 Ga 原子的 4p 态贡献。-0.53eV 处对应的自旋向下峰主要来源于 Mn 吸附原子的 3d 态和吸附位置最近邻 N 原子的 2p 态。从图 5-5(c)发现，Fe 吸附系统的自旋向上态和向下态穿过费米能级，而且两自旋通道的态密度中存在清晰的极化，这表明 Fe 吸附系统是磁性金属。对 Co 吸附系统态密度如图 5-5(d)所示，自旋向下态穿过费米能级，然而在费米能级附近的自旋向上态有一个带隙。因此，Co 吸附 GaN 单层纳米片在 T_N 位置有 100% 自旋极化，所以对于自旋电子学应用，Co 吸附系统是很好的候选材料。在费米能级附近的自旋向下态主要由 Co 过渡金属原子的 3d 态和 N 原子的 2p 态以及 Ga 原子的 4p 态贡献。我们从图 5-5(e)中发现，Ni 吸附系统的自旋向上和向下通道是对称的，因此 Ni 吸附系统不存在自旋极化现象。部分态密度分析表明，在 $-0.70 \sim -0.32$eV 区间内，所有自旋向上和向下态主要来源于 Ni 过渡金属原子的 3d 态和吸附位置最近邻 N 原子的 2p 态。Cu 吸附系统的态密度如图 5-5(f)所示，对自旋向上和向下通道，有一个带隙在导带和价带之间，然而在自旋向上通道的价带和自旋向下的导带之间是零带隙。因此，Cu 吸附在 T_N 位置诱导 GaN 单层纳米片转变成电子和空穴完全自旋极化的自旋无带隙半导体。这种材料能被用作自旋电子学材料，比半金属和稀磁半导体的性能更优越。

5.6　小　　结

采用基于自旋极化密度泛函理论的第一性原理投影缀加平面波方法，研究了六种不同 3d 过渡金属原子(Cr、Mn、Fe、Co、Ni 和 Cu)吸附 GaN 单层纳米片的结构稳定性、电子特性和磁性。本章中研究的六种不同过渡金属原子吸附，每种过渡金属吸附系统都获得三种稳定结构。最稳定的吸附位置是在氮原子的正上方位置。由于过渡金属原子和 GaN 单层纳米片之间相对强的相互作用，结构优化表明，过渡金属的吸附导致了晶格的形变，形成的 TM—N 键存在一个共价化学结合特性。

吸附系统的总态密度图表明，过渡金属吸附诱导的杂质态出现在纯的 GaN 单层纳米片的带隙中。除 Ni 吸附系统外，所有的吸附系统显示出自旋极化的性质。吸附系统的磁矩主要集中在过渡金属原子和吸附位置的最近邻氮原子上。通过吸附不同过渡金属原子，GaN

单层纳米片能存在各种电子和磁学特性，例如自旋无带隙半导体(Cu 吸附)、半金属(Co 吸附)、磁性金属(Fe 吸附)。研究结果表明，GaN 单层纳米片性质通过过渡金属原子吸附能被有效地调制，过渡金属吸附 GaN 单层纳米片作为一种潜在的材料，能够在纳电子学和自旋电子学等领域有所应用。

参 考 文 献

1　Yazyev O V, Louie S G. Topological Defects in Graphene：Dislocations and Grain Boundaries［J］. Phys. Rev. B, 2010, 81(19)：195420.

2　Lee G D, Wang C Z, Yoon E, et al. Diffusion, Coalescence, and Reconstruction of Vacancy Defects in Graphene Layers［J］. Phys. Rev. Lett. , 2005, 95(20)：205501.

3　Panchakarla L S, Subrahmanyam K S, Saha S K, et al. Synthesis, Structure, and Properties of Boron-and Nitrogen-Doped Graphene［J］. Adv. Mater. , 2009, 21(46)：4726~4730.

4　Picozzi S, Santucci S, Lozzi L, et al. Ozone Adsorption on Carbon Nanotubes：the Role of Stone-Wales Defects ［J］. J. Chem. Phys. , 2004, 120(15)：7147~7152.

5　Qin X, Meng Q, Zhao W. Effects of Stone-Wales Defect upon Adsorption of Formaldehyde on Graphene Sheet with or Without A1 Dopant：a First Principle Study［J］. Surf. Sci. , 2011, 605(9)：930~933.

6　Wang Q E, Wang F H, Shang J X, et al. An Ab Initio Study of the Interaction between an Iron Atom and Graphene Containing a Single Stone-Wales Defect［J］. J. Phys.：Condens. Matter, 2009, 21(48)：485506.

7　Kevin K T, Neaton J B, Cohen M L. First-Principles Study of Metal Adatom Adsorption on Graphene［J］. Phys. Rev. B, 2008, 77(23)：235430.

8　Sevinçli H, Topsakal M, Durgun E, et al. Electronic and Magnetic Properties of 3d Transition-Metal Atom Adsorbed Graphene and Graphene Nanoribbons［J］. Phys. Rev. B, 2008, 77(19)：195434.

9　Hu L, Hu X, Wu X, et al. Density Functional Calculation of Transition Metal Adatom Adsorption on Graphene ［J］. Physica B, 2010, 405(16)：3337~3341.

10　Cao C, Wu M, Jiang J, et al. Transition Metal Adatom and Dimer Adsorbed on Graphene：Induced Magnetization and Electronic Structures［J］. Phys. Rev. B, 2010, 81(20)：205424.

11　Zhou Y G, Xiao-Dong J, Wang Z G, et al. Electronic and Magnetic Properties of Metal-Doped BN Sheet：A First-Principles Study［J］. Phys. Chem. Chem. Phys. , 2010(12)：7588~7592.

12　Ataca C, Ciraci S. Functionalization of BN Honeycomb Structure by Adsorption and Substitution of Foreign Atoms［J］. Phys Rev B, 2010, 82(16)：165402.

13　Li J, Hu M L, Yu Z, et al. Structural, Electronic and Magnetic Properties of Single Transition-Metal Adsorbed BN Sheet：A Density Functional Study［J］. Chem. Phys. Lett. , 2012, (532)：40~46.

14　Lei J, Xu M C, Hu S J. Transition Metal Decorated Graphene-Like Zinc Oxide Monolayer：A First-Principles Investigation［J］. J. Appl. Phys. , 2015, 118(10)：104302.

15　Mu Y W. Chemical Functionalization of GaN Monolayer by Adatom Adsorption［J］. J. Phys. Chem. C, 2015, 119(36)：20911~20916.

16　Chen G X, Wang D D, Wen J Q, et al. Structural, Electronic, and Magnetic Properties of 3d Transition Metal Doped GaN Nanosheet：A First-Principles Study［J］. Int. J. Quantum Chem. , 2016, (116)：1000~1005.

17　Kohn W, Sham L J. Self-Consistent Equations Including Exchange and Correlation Effects［J］. Phys. Rev. , 1965, 140(4A)：A1133~A1138.

18　Kresse G, Joubert D. From Ultrasoft Pseudopotentials to the Projector Augmented-Wave Method［J］. Phys. Rev. B, 1999, 59(3)：1758~1775.

19 Kresse G, Hafner J. Ab Initio Molecular Dynamics for Liquid Metal [J]. Phys. Rev. B, 1993, 47(1): 558~561.

20 Kresse G, Furthmuler J. Efficient Iterative Schemes For Ab Initio Total－Energy Calculations Using a Plane－Wave Basis Set [J]. Phys. Rev. B, 1996, 54(16): 11169~11186.

21 Kresse G, Furthmuler J. Efficient of Ab Initio Total－Energy Calculations for Metals and Semiconductors Using a Plane－Wave Basis Set [J]. Comput. Mater. Sci., 1996, 6(1): 15~50.

22 Kresse G, Hafner J. Ab Inition Molecular－Dynamics Simulation of the Liqiud－Metla－Amorphous－Semiconductor Transition in Germanium [J]. Phys. Rev. B, 1994, 49(20): 14251~14269.

23 Böchl P E. Projector Augmented－Wave Method [J]. Phys. Rev. B, 1994, 50(24): 17953~17979.

24 Kresse G, Joubert D. From Ultrasoft Pseudopotentials to the Projector Augmented－Wave Method [J]. Phys. Rev. B, 1999, 59(3): 1758~1775.

25 Perdew J P, Burke K, Ernzerhof M. Generalized Gradient Approximation Made Simple [J]. Phys. Rev. Lett., 1996, 77(18): 3865~3868.

26 Monkhorst H J, Pack J D. Special Points for Brillouin－Zone Integrations [J]. Phys. Rev. B, 1976, 13(12): 5188~5192.

27 Methfessel M, Paxton A T. High－Precision Sampling for Brillouin－Zone Integration in Metals [J]. Phys. Rev. B, 1989, 40(6): 3616~3621.

28 Şahin H, Cahangirov S, Topsakal M, et al. Monolayer Honeycomb Structures of Group Ⅳ Elements and Ⅲ–Ⅴ Binary Compounds [J]. Phys. Rev. B, 2009, 80(15): 155453.

29 Lee S M, Lee Y H, Hwang Y G, et al. Stability and Electronic Structure of GaN Nanotubes from Density－Functional Calculations [J]. Phys. Rev. B, 1999, 60(11): 7788~7791.

30 Henkelman G, Arnaldsson A, Jnsson H. A Fast and Robust Algorithm for Bader Decomposition of Charge Density [J]. Comput. Mater. Sci., 2006, 36(3): 354~360.

31 Li X G, Fry J N, Cheng H P. Single－Molecule Magnet Mn_{12} on Grapheme [J]. Phys. Rev. B, 2014, 90(12): 125447.

32 Chen G X, Zhang Y, Wang D D, et al. First－Principles Study of Transition－Metal Atoms Adsorption on GaN Nanotube [J]. Physica E, 2010, 43(1): 22~27.

第 6 章　过渡金属掺杂 GaN 单层 纳米片磁性起源机理

6.1　引　言

6.1.1　自旋电子学

众所周知，电子不仅具有电荷，同时还有两种不同的自旋状态，即自旋向上和自旋向下。作为现代信息技术基石的微电子技术极大地利用了电子的电荷属性为载体来进行信息的处理和传输，而另一方面高容量信息存储(如磁带、硬盘、磁光盘等)则主要是利用电子的自旋属性，以磁性材料为载体来完成的。然而，目前人们对于电子的电荷与自旋属性的研究和应用却是平行发展的，彼此之间相互独立。近年来，随着大规模集成电路技术领域的发展，集成电路的特征尺度已达到了亚微米甚至纳米量级，并将进入原子尺度。微电子技术由于进入原子尺度而会到达它发展的极限，这时候电子的自旋特性进入了人们的视野。如果能同时利用电子的电荷和自旋属性，这无疑将会给现代信息技术带来崭新的面貌。在 1988 年，法国科学家费尔和德国科学家格林贝格尔对巨磁电阻效应(Giant Magnetoresistance，GMR)的发现为同时利用电子的电荷和自旋属性打开了一扇大门，由此产生了一门结合磁学和微电子学的交叉学科，即自旋电子学(Spintronics)又称为磁电子学(Magnetoelectronics)。自旋电子学是一门以研究电子的自旋极化输运特性及基于这些特性而设计、开发新型自旋电子器件为主要研究内容的一门新兴学科，其研究对象包括电子的自旋极化、自旋相关散射、自旋弛豫及其应用等，其最终目的是实现新型的自旋电子器件，如自旋量子阱发光二极管、自旋 p-n 结二极管、磁隧道效应晶体管、自旋场效应晶体管、量子计算机等。自旋电子学拓展了传统的电子学研究领域，因而具有广阔的应用前景。

由于同时利用了电子的电荷和自旋两种属性，自旋电子学无疑将会给工业技术带来新的革命。与传统的半导体器件相比，自旋电子器件将使半导体器件具有速度快、体积小、能耗低、集成度高、非易失性等优越的特性。

(1) 半导体材料是基于大量电子的运动来工作的，电子的速度会受到能量分散的限制，而自旋电子器件是基于电子自旋方向的改变来工作的，它可实现每秒变化亿次的逻辑状态功能，改变自旋所需的能量仅是推动电荷移动所需要能量的很小一部分，所以自旋电子器件消耗更低的能量可以实现更快的速度。

(2) 半导体集成电路的特征尺寸是几百纳米，但随着芯片集成度的提高，晶体管尺寸的一再缩小会引发如电流泄漏、发热等一系列的问题。而自旋电子器件的特征尺寸为纳米左右，由于耗能低，它的发热量微乎其微，这就意味着自旋电子器件的集成度更高、体积更小。

(3) 当电源磁场关闭后，自旋状态不会变化，它的这种特性可以用在高密度非易失性存储领域。

（4）在信息传输和处理过程中电子能够保持自旋极化，也就是说同时能够进行信息的处理和存储，这将使设备结构更加简化，速度更快，功能更强。

（5）把自旋也考虑在内的话，它具有四种载流子：正自旋电子、负自旋电子、正自旋空穴和负自旋空穴，有望通过控制载流子的自旋状态来实施量子计算。

目前，将自旋与现有的半导体器件成功结合的技术性关键在于自旋的注入、传输、控制和检测。因此，寻找并制备在室温乃至更高温度条件下具有较高自旋极化率的材料、研究巨磁电阻效应等自旋相关的电输运特性、制备具有室温铁磁性的稀磁半导体材料等成为自旋电子学的研究关键和热点。

自旋电子学材料和器件的研究大致分为三个方向（图6-1），即以磁性多层膜、颗粒膜、隧道结和自旋阀为代表的 GMR 磁电阻效应及其器件的研究；以磁性半导体和稀磁半导体中自旋相关输运性能为对象的研究；以制备自旋电子学器件为目标的应用研究。

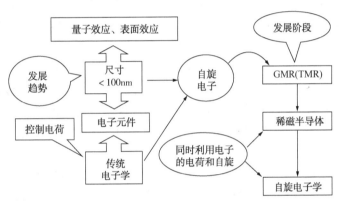

图 6-1　自旋电子学的发展

6.1.2　半金属材料与稀磁半导体

在 1983 年，Groot 等人发现了一种新型的能带结构。这类材料特点在于自旋向上与自旋向下的电子具有不同的导电性能。一种自旋取向的电子能带结构呈现金属性，而另一自旋取向的电子能带结构呈现半导体性质，也就是说，在此类材料中，某一自旋方向的电子态密度连续地跨跃费米能级即带隙为零，因此对于此自旋方向的电子来说是导电的；对于另一自旋方向的电子，费米能级位于能隙中即带隙不为零，此自旋方向的电子并不导电，因此这类材料既有金属性又有半导体特性。通常将此类材料称之为半金属（Half-Metallic）材料。所以，半金属材料是以两种自旋电子的不同行为（即金属性和非金属性）为特征的新型功能材料，图 6-2 为非磁性金属、一般磁性金属和半金属的态密度图。半金属是一种具有特殊电子结构的材料，研究已经发现，这种材料一般都具有较高的居里温度和接近 100%的高自旋极化率。费米能级上的电子的自旋极化率被定义为：

$$P = \frac{N_\downarrow(E_F) - N_\uparrow(E_F)}{N_\downarrow(E_F) + N_\uparrow(E_F)} \tag{6-1}$$

一般铁磁金属的传导电子极化率大约为 30%~50%，为了使费米面附近的传导电子具有 100%的自旋极化率，一般通过电子杂化的方法，使其组成合金或化合物等，因此半金属材

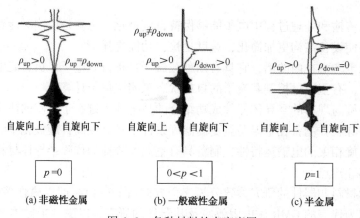

图 6-2　各种材料的态密度图

料一般都为两种或两种以上元素的合金或化合物。目前，自旋电子学技术上存在的一个关键性问题就是如何在室温下高效地将自旋电子注入半导体材料中。理论上已经证明，如果从电阻率较小的铁磁材料向电阻率较大的半导体材料注入自旋极化电子的效率将会小于 2%。电阻率的失配和铁磁金属较低的自旋电子极化率是导致自旋电子注入低效率的一个直接原因。如果以半金属中的自旋电子作为注入源，由于在费米面附近的传导电子极化率为 100%，这就有利于解决注入电阻不匹配问题，因此半金属铁磁性材料无疑将会成为理想的自旋电子注入源。半金属铁磁体的研究具有非常重要的科学意义和广阔的应用前景，必将推动自旋电子学的快速发展。

由于铁磁金属难以实现自旋电子器件的集成制造和与传统微电子器件的一体化集成制造，因此自旋电子学的研究领域重点集中在半导体自旋电子学上。制造自旋电子器件，首先是能把自旋极化电子高效地注入到半导体中，然而实现在室温下自旋电子的高效注入已经成为自旋电子学发展的一道障碍，一旦能在室温下且高效率地将自旋极化电子注入半导体，自旋电子学必将引发微电子领域的革命。如果将铁磁材料中的自旋极化电子注入到半导体材料中，会导致在两种材料界面处传导率的失配。另外，金属与半导体接触通常会在界面处形成铁磁金属即半导体合金，这种合金一般会使得电子自旋通过时发生跳变，即产生一种所谓的磁死层，而自旋电子器件正常工作的重要条件之一是电子自旋在传输过程中保持相位记忆不产生跳变。如果用传统铁磁半导体代替铁磁材料作为注入源，虽然克服了传导率不匹配的问题，但是铁磁半导体具有较低的居里温度（低于 20K），导致其不能实现自旋极化电子室温下的自旋注入，无法实用化。近些年来，随着自旋电子学的快速发展，人们发现非磁性半导体中的部分原子被过渡金属元素替换掺杂后形成的稀磁半导体（Dilute Magnetic Semiconductors，DMSs）兼具有半导体材料和磁性材料的性质，由于 DMSs 兼备了电子的自旋极化和电荷属性，且可以避免铁磁金属-半导体界面处传导率失配的问题，因此 DMSs 是一种至关重要的自旋电子学材料，并已成为当今材料研究领域中的热点。许多 DMSs 的居里温度早已超过液氮温（77K），当前世界上许多国家都正在积极地寻找室温 DMSs，以便在室温下实现高效率的自旋极化电子注入。

DMSs 是利用 $3d$ 族磁性过渡金属离子或 $4f$ 族稀土金属离子部分替代 Ⅱ-Ⅵ族，Ⅳ-Ⅵ族，Ⅱ-Ⅴ族，Ⅲ-Ⅴ族等半导体化合物中的非磁性阳离子而形成的新型半导体材料。在非磁性材料中掺入微量的磁性离子会改变半导体的某些性质，使其呈现出一定的磁性，其中被掺入的磁性元素称为磁性杂质，非磁性半导体被称作基体，如图6-3所示。DMSs同时利用了电子的电荷属性和电子的自旋属性，使这两种重要的物质属性得以在同一种物质中体现出来，DMSs在磁性物理学和半导体物理学之间架起了一道桥梁，DMSs被认为是在将来最有发展潜力的一种新型材料。尤其是这类材料具有的特别优点，比如小型化，快速处理信息的能力，消耗能量低，信息的不易失性。因此，基于稀磁半导体的自旋电子学可用于计算机的硬驱动，在计算机存储器中极具潜力。在高密度非易失性存储器、磁感应器和半导体电路的集成电路、光隔离器件和半导体激光器集成电路以及量子计算机等领域，稀磁半导体材料均有重大的潜在应用。因此，不论从理论还是从实际应用上来说都具有非常重要的意义，目前已成为国内外研究的热点。

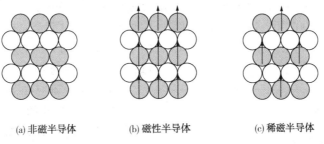

(a) 非磁半导体   (b) 磁性半导体   (c) 稀磁半导体

图6-3 半导体从磁性角度分类

由于DMSs中阳离子被替换而存在局域磁性顺磁离子，具有很强的局域自旋磁矩，局域磁矩与迁移载流子(电子或空穴)之间的自旋相互作用结果产生了一种新的交换相互作用，使得DMSs具有与普通半导体截然不同的性质，目前已有研究发现部分DMSs具有半金属特性，自旋极化电子注入到半导体材料中的效率接近100%，如GaN中掺入Mn，ZnO掺杂Co，BeTe掺杂V、Cr这些DMSs发现了半金属性，并用光发射二极管论证了DMSs($Zn_{0.91}Be_{0.06}Mn_{0.03}Se$)可以高效率地将自旋极化电子注入到GaAs半导体中。一旦自旋极化电子能方便、高效地注入到常规半导体中，自旋半导体电子学器件制造和应用必将获得快速发展。目前，针对DMSs的半金属性质的研究主要处于实验摸索和理论探索阶段，具有重要潜在应用价值的DMSs还没真正进入实际的产品开发和应用阶段。从工业应用的角度出发，只有较高居里温度的DMSs才具有广泛的用途，因此目前人们研究的重点是寻找高居里温度、受温度影响较小和符合实际需要的DMSs。

近年来，DMSs的研究取得了许多重大的突破，人们不断在新的半导体材料中获得了室温铁磁性，同时基于DMSs的自旋电子器件的研究工作也相继开展。然而在DMSs领域，许多实验和理论上的关键问题尚未解决，这些问题限制了DMSs的发展，对材料的实用化提出了挑战。目前，DMSs的研究主要集中在两个方面：一是从实际应用角度出发，通过掺杂引入磁性离子获得稳定的本征铁磁性，并提高材料的居里温度至室温以上；二是澄清稀磁材料的铁磁性来源及其物理机制，在理论研究方面获得统一的结论。

以Ⅲ-Ⅴ氮化物(包括GaN、InN、AlN及其合金等)为代表的宽带隙半导体材料与器件对信息技术的发展和应用起到了巨大的推动作用，被称为第三代半导体。Ⅲ-Ⅴ氮化物带隙宽度大约在2~6eV范围内连续变化，其对应的带隙波长覆盖了从红、黄、绿到蓝和紫外光的范围，因此可用来制作发光波长覆盖全部可见光，并可到达紫外光区域的半导体发光器件和光探测器。Ⅲ-Ⅴ氮化物还有高击穿场强、高热导率、化学和热稳定性好、耐高温和耐腐蚀等优异性能，适合于制作抗辐射、高频、大功率和高密度集成的电子器件。此外，在Ⅲ-Ⅴ氮化物中，AlN和GaN具有较大的半导体带隙，通过过渡金属掺杂后可得到高居里温度的DMSs，为在室温下应用提供了可能，是自旋电子学材料领域内的重要研究方向，因此成为新型DMSs的一个研究热点。

2000年，Dietl等人利用基于齐纳模型（Zener Model）的平均场近似方法对多种DMSs的居里温度进行了计算（图6-4），并从理论上预测GaN和ZnO基的DMSs的居里温度可以达到室温以上，这一理论预测引发了许多对GaN和ZnO等宽带隙半导体掺杂过渡金属的实验和理论研究。随后，Overberg和Takahiko相继报道了Mn掺杂GaN的居里温度在800~900K。2004年，Liu等人从实验上观察到Cr掺杂AlN和GaN稀磁半导体的居里温度超过900K。2006年，Wu等人利用第一性原理研究了Cu掺杂的GaN，Cu浓度为6.25%，并预测居里温度可达到350K。在2007年，Lee等人利用第一性原理计算对过渡金属掺杂的GaN稀磁半导体的价带劈裂进行了研究，研究表明Fe、Co、Ni和Cu掺杂的GaN的价带具有长程自旋劈裂，掺杂的磁性离子之间是长程的相互作用，因此GaN是很好的DMSs候选材料。

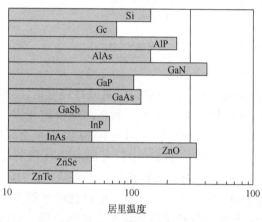

图6-4　各种稀磁半导体的居里温度的理论计算值

参考理论研究结果，国内外已有很多关于GaN基DMS的实验研究报道。目前，研究最为广泛的是GaMnN体系。2001年，Reed等人采用MOCVD方法，在蓝宝石衬底上生长出的（Ga、Mn）N薄膜，其生长温度为1000℃，Mn含量为1%，在不同的生长条件下（Ga、Mn）N薄膜的居里温度在310~400K之间变化，在实验上首次证实了（Ga、Mn）稀磁半导体薄膜在室温下可获得铁磁性。2002年，Hidenobu等人采用分子束外延低温生长方法，在蓝宝石衬底上制备出了居里温度最高的（Ga、Mn）N薄膜，居里温度可高达940K。其生长温度为580~750℃，Mn含量为3%~5%。

其他过渡元素掺杂的GaN稀磁半导体的研究也取得了一定进展。有关Cr掺杂GaN的报道相对较多。例如，在温度低于320K时，Lee等人在Cr注入到MOCVD生长的Mg掺杂GaN中观察到了铁磁有序。Park等人利用钠束流法生长了Cr掺杂的GaN单晶，居里温度能够达到280K。Hashimoto等人利用电子回旋共振等离子体辅助分子束外延技术得到了居里温度在室温以上的铁磁性（Ga、Cr）N。而Fe、Ni、Cu掺杂的GaN最近已有相关的预测和实验报道，但为数较少。2005年，Huang等人利用CVD方法制备（Ga、Ni）N薄膜，并在N_2气流中800℃下进行热退火，经检测没有第二相或团簇形成，具有明显的铁磁性行为（居里温度为320K）。2007年，Lee等人利用离子注入法制备了Cu离子剂量为$1 \times 10^{17} cm^{-2}$的GaCuN薄膜，显示出室温铁磁性，且得到每个Cu原子的磁矩为$0.27\mu_B$。

对于DMSs的现实应用中另一个问题是需要基体材料能够容纳替换杂质并消除反位和间隙杂质。对于块体材料而言，一般采用模拟退火的方法来消除反位和间隙杂质，而对于纳米片而言，由于二维纳米片体系只存在一个表面，即使形成间隙位杂质，相比于块体和管状材料而言也是最容易消除的，这就是本章的研究选用纳米片作为掺杂基底的主要原因。关于过渡金属掺杂二维单层纳米片的理论研究已经有报道。2010 年，Schmidt 等人研究了 Co 掺杂具有石墨烯结构的 ZnO 单层纳米片的铁磁性质。2014 年，Shi 等人调查了过渡金属掺杂 AlN 单层纳米片的磁学性质。同年，Wu 等人采用第一性原理方法研究了过渡金属掺杂 MgO 单层纳米片的电子结构和磁性。这些研究表明，过渡金属掺杂二维纳米片能调制纳米片的带隙和被诱导产生磁学特性。Cheng 等人基于密度泛函理论报道了 MoS_2 转变成稀磁半导体最有效的途径是过渡金属掺杂。具有优异电子和磁学性质的稀磁半导体通过 $3d$ 过渡金属掺杂二维非磁性纳米材料而形成，这为将来的科学研究提供了一个新的途径，即如何诱导和操纵材料的磁性。迄今为止，对 $3d$ 过渡金属掺杂 GaN 单层纳米片的电子和磁学性质还未见报道，特别是掺杂系统的磁性起源机理还未知。因此，对 $3d$ 过渡金属掺杂 GaN 单层纳米片的研究是必要的。本章采用基于密度泛函理论框架下的第一性原理方法对 5 种不同的过渡金属（Cr、Mn、Fe、Co 和 Ni）掺杂二维 GaN 单层纳米片的电子结构和磁学特性进行研究，分析掺杂后相关性质的改变，为实验研究和实际应用提供可靠的理论支持和指导。

6.2　计算方法和模型

本章中的计算由基于密度泛函理论的 Kresse 等人开发的 VASP 软件包完成。基于广义梯度近似的密度泛函理论计算比局域密度近似能够更好地描述磁体系。离子和电子的相互作用采用投影缀加波（PAW）方法。在广义梯度近似（GGA）下，交换关联能采用能够产生正确掺杂系统基态的 Perdew-Burke-Ernzerhof（PBE）形式来处理。我们选择 4×4×1 计算超胞，在模拟的超胞中，一个镓原子被 $3d$ 过渡金属原子替换，掺杂结构模型如图 6-5 所示。电子波函数用平面波基组展开，平面波截断能取 500eV。相邻 GaN 单层纳米片之间有一 15Å 的真空层，用以尽量消除相邻层间的相互作用。布里渊区中积分采用的是以 Gamma 为中心的 Monkhorst-Pack 方法，选取 9×9×1 的 k 网格点。为了避免由费米能处的跨越和准退化引起的不稳定性，计算采用拖尾宽度为 0.1eV 的 Methfessel-Paxton order N（$N=1$）方法。在结构优化过程中，保持超原胞的晶格常数不变，但是所有的内坐标允许优化，当每个原子最大受力小于 0.02eV/Å 时，且最后连续两步总能量收敛值小于 $1.0×10^{-5}$eV 时，结构优化停止。

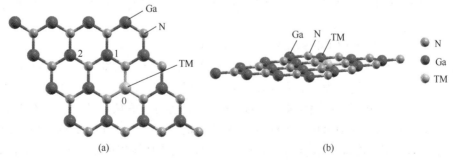

图 6-5　$3d$ 过渡金属掺杂 GaN 单层纳米片的结构图

注：数字 0~2 代表过渡金属替换镓原子的位置。

6.3 过渡金属掺杂 GaN 单层纳米片的结构稳定性

为了调查过渡金属离子在 GaN 纳米片平面的结构稳定性，我们考虑两种掺杂模型：①过渡金属原子在 GaN 纳米片平面内，标记为 M^{in}；②过渡金属原子轻微隆起于 GaN 纳米片平面上，标记为 M^{out}。对 M^{out} 模型，结构优化后过渡金属原子没有返回到 GaN 纳米片平面内。表 6-1 中列出了 M^{in} 和 M^{out} 模型的能量差分。结果表明对 Mn、Fe 和 Co 掺杂，最稳定的掺杂结构是 M^{in} 模型，然而对 Cr 和 Ni 掺杂是 M^{out} 模型。因此，在接下来的计算中，本书采用 M^{in} 模型对 Mn、Fe 和 Co 掺杂，M^{out} 模型对 Cr 和 Ni 掺杂。

通过结构优化来调查二维 GaN 纳米片结构的形变程度。对每一个掺杂系统，表 6-1 列出了优化的过渡金属原子和它最近邻氮原子间的键长（d_{TM-N}）。从表中能清晰地发现，首先对 Cr、Mn、Fe、Co 和 Ni 掺杂系统，TM—N 键长分别是 1.874Å、1.877Å、1.880Å、1.851Å 和 1.858Å。计算的 TM—N 键长是不同于 1.869Å 的 Ga—N 键长，原因在于过渡金属原子的不同离子半径。其次，过渡金属的三个最近邻氮原子和它的最近邻镓原子间键长（d_{Ga-N}）是不同于纯的二维 GaN 纳米片中的 Ga-N 键长，这意味着引入的 $3d$ 过渡金属原子也改变了其附近的镓原子和氮原子间的相互作用。对五种过渡金属掺杂系统，以上结果表明在过渡金属原子周围存在一个结构形变。

表 6-1 M^{in} 和 M^{out} 间的能量差分（ΔE_{in-out}），过渡金属原子和它最近邻氮原子间的键长（d_{TM-N}），过渡金属原子的三个最近邻氮原子和它们的最近邻镓原子间的平均键长（d_{Ga-N}），掺杂系统的总磁矩（μ_{tot}），过渡金属原子的局域磁矩（μ_{TM}），和三个最近邻氮原子磁矩（μ_N），电荷从过渡金属原子到 GaN 纳米片的转移量（C）

原子	ΔE_{in-out}/eV	d_{TM-N}/Å	d_{Ga-N}/Å	μ_{tot}/μ_B	μ_{TM}/μ_B	μ_N/μ_B	C/e
Cr	0.0143	1.874	1.873	3.00	2.786	0.124	1.651
Mn	−0.0005	1.877	1.874	4.00	3.529	0.285	1.600
Fe	−0.0007	1.880	1.874	5.00	3.804	0.870	1.482
Co	−0.0004	1.851	1.880	4.00	2.630	1.001	1.176
Ni	0.0035	1.858	1.875	3.00	1.594	1.044	1.101

为了检验 $3d$ 过渡金属掺杂 GaN 纳米片的稳定性，我们计算了掺杂过程的形成能，其能量定义为：

$$E_f = E(TM - GaN) - E(GaN) + \mu(Ga) - \mu(TM) \qquad (6-2)$$

式中，$E(TM-GaN)$ 和 $E(GaN)$ 分别是优化后的过渡金属掺杂系统和纯的 GaN 纳米片的总能量，$\mu(Ga)$ 和 $\mu(TM)$ 是化学势。形成能在富氮或者富镓的生长条件下可能发生改变。在富镓的条件下，化学势 μ_{Ga} 是一个体镓原子的总能。化学势 μ_N 能从热动力平衡方程 $\mu_{Ga}+\mu_N = \mu_{GaN}$ 求得，式中 μ_{GaN} 是 Ga 纳米片中每对 Ga—N 原子的总能。在一个富氮的环境下，化学势 μ_N 从 N_2 分子的基态总能求得（$\mu_N = 1/2\mu_{N_2}$）。化学势 μ_{TM} 能从体相过渡金属的基态总能求得。对富氮或者富镓环境下，表 6-2 列出了形成能值。我们发现形成能差分 $\Delta E_f = E_{f(Ga-rich)} - E_{f(N-rich)}$ 几乎是相等的，其值等于体相求得化学势 μ_{Ga} 和从 $\mu_{GaN}-\mu_N$ 获得的化学势 μ_{Ga} 之差。从形成能最小化原理分析，我们得出在富氮或者富镓环境下，Fe 原子最适合掺杂 Ga 纳米片。

表 6-2 $3d$ 过渡金属掺杂 GaN 纳米片在富镓或者富氮生长条件下的形成能(E_f)，对每种
过渡金属掺杂系统在富镓或者富氮间的形成能差分 ΔE_f

原子	$E_{f(\text{Ga-rich})}/\text{eV}$	$E_{f(\text{N-rich})}/\text{eV}$	$\Delta E_f/\text{eV}$
Cr	2.295	1.359	0.936
Mn	2.862	1.925	0.937
Fe	2.129	1.194	0.935
Co	2.463	1.525	0.938
Ni	3.022	2.085	0.937

6.4 过渡金属掺杂 GaN 单层纳米片的磁性和自旋电荷密度

稀磁半导体磁学特性是一个重要的调查方向。在本节中五种 $3d$ 过渡金属掺杂系统、局域过渡金属和其三个最近邻氮原子的磁矩采用 Bader 方法求得，其计算值列在表 6-1 中。Cr、Mn、Fe、Co 和 Ni 掺杂系统的总磁矩分别是 $3.00\mu_B$、$4.00\mu_B$、$5.00\mu_B$、$4.00\mu_B$ 和 $3.00\mu_B$。通过与过渡金属原子的局域磁矩相比较，我们发现掺杂系统的总磁矩主要来源于过渡金属原子，然而最近邻的氮原子也有轻微的贡献。这是可理解的，因为纯的 GaN 纳米片的基态是非磁性的，掺杂系统的磁矩应该起源于掺杂的 $3d$ 过渡金属原子。这些现象的潜在机理还可以用晶体场理论来解释，阴离子周围的晶体场劈裂自由过渡金属离子的五重简并 d 态为两个低的 e_g(d_{z^2} 和 $d_{x^2-y^2}$) 和三个高的 t_{2g}(d_{xy}、d_{xz} 和 d_{yz}) 自旋态。根据洪特规则，详细的电子构型即自旋态在 e_g 和 t_{2g} 上和相应的净磁矩被示意性地显示在图 6-6 中。由洪特规则知，在等价轨道(指相同电子层、电子亚层上的各个轨道)上排布的电子将尽可能分占不同的轨道，且自旋方向相同，电子这样排布具有最低能量和最高的稳定性。在 III−V 稀磁半导体中，对于 $3d$ 过渡金属离子替换的阳离子位置，我们很容易得到最大的净磁矩是 $3.00\mu_B$、$4.00\mu_B$、$5.00\mu_B$、$4.00\mu_B$ 和 $3.00\mu_B$ 分别对 Cr^{3+}、Mn^{3+}、Fe^{3+}、Co^{3+} 和 Ni^{3+}。计算的磁矩值比洪特规则预测的值要小，这是由 $3d$ 过渡金属离子近邻氮原子的 $2p$ 轨道和过渡金属离子的 $3d$ 轨道间强耦合引起的。

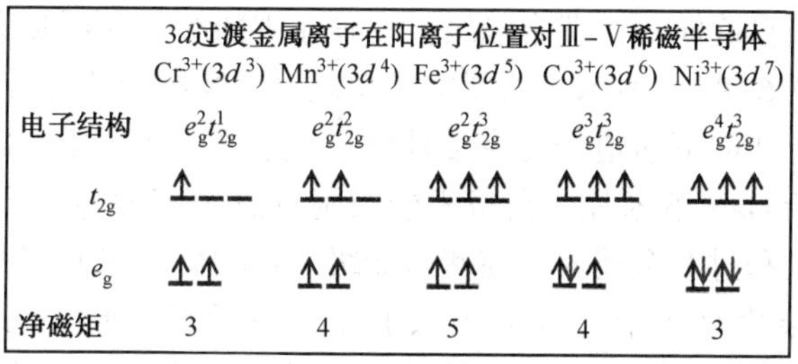

图 6-6 $3d$ 过渡金属离子替换阳离子位置自旋态
在 e_g 和 t_{2g} 上的电子构型及相应的最大净磁矩

从净自旋电荷密度(即自旋向上和自旋向下间差)的分析中能获得磁矩的分布情况，五种掺杂系统的净自旋电荷密度如图 6-7 所示。从图中能发现，净自旋电荷密度主要分布在过渡金属原子上。此外，三个最近氮原子的净自旋电荷密度从 Cr 掺杂到 Ni 掺杂是逐渐增加

的，这意味着对 Cr 掺杂过渡金属原子和最近邻氮原子间的轨道耦合是最弱的，对 Ni 掺杂的轨道耦合最强。这些结果表明，过渡金属掺杂系统的磁矩主要集中在过渡金属原子上，然而最近邻的氮原子也有轻微的贡献。净自旋电荷密度分析的结果与我们采用 Bader 计算得到过渡金属原子和最近邻氮原子的局域磁矩是一致的。接下来过渡金属掺杂系统的磁性的起源和电子性质将被更进一步分析。

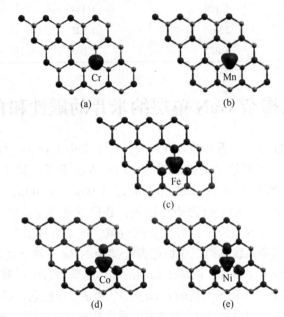

图 6-7　Cr、Mn、Fe、Co 和 Ni 掺杂 GaN 纳米片的净自旋电荷密度
注：黑色区域对应自旋向上密度（等密度面电荷取值大小为 0.005V/Å）。

6.5　过渡金属掺杂 GaN 单层纳米片的电子性质和磁性起源机理

纯 GaN 纳米片和 3d 过渡金属掺杂 GaN 纳米片的总态密度（TDOS）和投影到镓、氮和过渡金属原子的部分态密度（PDOS）如图 6-8 所示。这里每一个态密度图的上半部分代表自旋向上，而下半部分代表自旋向下，费米能级被设置在零能级处并用竖直的虚线标示。纯 GaN 纳米片的总态密度如图 6-8(a)所示，从图中能发现，GaN 纳米片是带隙宽度为 1.76eV 的半导体。此外，自旋向上和向下通道的态密度曲线是对称的，因此纯 GaN 纳米片是非磁性半导体。对过渡金属掺杂 GaN 纳米片，在费米能级附近总态密度显示出自旋劈裂，这意味着掺杂系统存在磁矩。氮和过渡金属原子在费米能级附近的部分态密度是非对称和重叠的。也就是说，有一个强的杂化存在于过渡金属原子和它最近邻氮原子间。Bader 电荷分析（见表 6-1的最后一列）表明，过渡金属和氮原子间的强杂化应归于过渡金属原子和 GaN 纳米片间的电荷转移。氮原子大的电子亲和力导致了电荷从过渡金属转移到 GaN 纳米片上，大多数电荷分布在过渡金属原子的三个最近邻氮原子上，因此在氮和过渡金属原子间有一个加强的相互作用。

从图 6-8(b)~图 6-8(f)，我们能发现 3d 过渡金属掺杂 GaN 纳米片的磁矩主要由过渡金属和氮原子贡献。对 Mn 掺杂 GaN 纳米片，自旋向上的电子态穿过费米能级，然而自旋向下的电子态在费米能级附近有一个带隙。类似地，Ni 掺杂 GaN 纳米片也存在半金属的性质，这是因为自旋向下的电子态穿过费米能级。因此，Mn 和 Ni 掺杂 GaN 纳米片都表现出具有100% 自旋极化的半金属特性，所以对于自旋电子学应用，这些掺杂系统是很好的稀磁半导体材料。

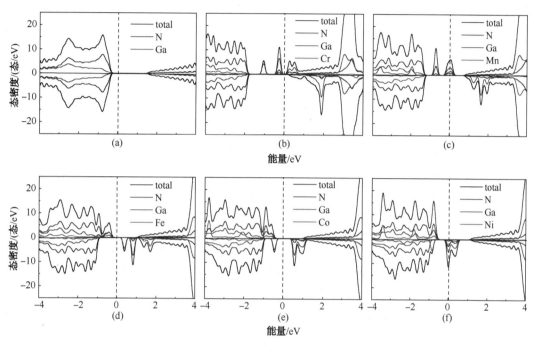

图 6-8　GaN 纳米片、Cr、Mn、Fe、Co 和 Ni 掺杂 GaN 纳米片的总态密度和部分态密度图

为了更进一步了解电子结构和揭示磁性起源，Cr、Mn、Fe、Co 和 Ni 掺杂 GaN 纳米片的部分态密度如图 6-9 所示。从图 6-9(a)~图 6-9(e)中能发现，在费米能级附近的态密度尖峰主要由过渡金属的 $3d$ 态组成，同时也包括一些氮 $2p$ 态和少量的镓 $4p$ 态。过渡金属替换镓原子后，一个强的相互作用发生在过渡金属原子的 $3d$ 轨道和氮原子的 $2p$ 轨道间。因此，我们推断 $3d$ 过渡金属掺杂 GaN 纳米片的磁矩起源于过渡金属 $3d$ 电子和氮 $2p$ 电子间的极化。$3d$ 过渡金属替换一个阳离子位置(镓位置)，然后贡献 3 个电子到阴离子(氮)的悬挂键。这导致了掺杂的离子有 $3d^3$、$3d^4$、$3d^5$、$3d^6$ 和 $3d^7$ 结构分别对应着 Cr^{3+}、Mn^{3+}、Fe^{3+}、Co^{3+} 和 Ni^{3+}。剩余 $3d$ 电子的存在意味着在过渡金属掺杂 GaN 纳米片的磁矩能被引入的过渡金属 $3d$ 电子调谐，这是为什么掺杂系统在费米能级附近总态密度是向左偏移和出现一些峰的原因。

为了检验磁耦合的类型，我考虑在 GaN 纳米片中用过渡金属原子替换两个阳离子位置(Ga 位置)，对应的掺杂浓度是 12.5%。两种不同的结构[结构 I(0，1)和结构 II(0，2)]能被获得通过两个过渡金属原子替换两个镓原子在 0 和 1 位置和 0 和 2 位置，并且这两个位置具有不同的距离[图 6-5(a)]。表 6-3 列出了关于基态结构 I 的相对能量($\Delta E_N = E_{cofigII} - E_{cofigI}$)，以及两种结构反铁磁(AFM)和铁磁(FM)间的能量差分($\Delta E_M = E_{AFM} - E_{FM}$)。正的能量差分($\Delta E_M$)意味着铁磁态比反铁磁态更稳定。在结构 I 中，铁磁态对 Cr、Mn 和 Ni 替换更稳定，然而对 Fe 和 Co 替换反铁磁态更稳定。两过渡金属原子位于两最近邻镓位置的结构 I 有相对低能量，这意味着过渡金属原子趋向于团簇在 GaN 纳米片上。在结构 II 中，相对

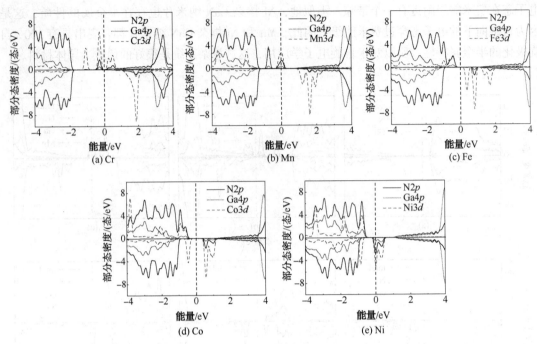

图 6-9　Cr、Mn、Fe、Co 和 Ni 掺杂 GaN 纳米片的部分态密度图

于结构 I 而言，Co 掺杂 GaN 纳米片的稳定态是铁磁态。也就是说，在结构 II 中，铁磁态对 Cr、Mn、Co 和 Ni 替换更稳定，然而对 Fe 替换是反铁磁态更稳定。

表 6-3　计算结果对 $Ga_{14}TM_2N_{16}$ 的两种不同结构，$Ga_{14}TM_2N_{16}$ 的总能与结构 I 基态能的相对能量差 (ΔE_N)，以及两种结构反铁磁 (AFM) 和铁磁 (FM) 间的能量差分 (ΔE_M)，每个过渡金属原子的磁矩 (μ_{TM}) 和掺杂系统的总磁矩 (μ_{tot})

过 渡	金属结构	ΔE_N/eV	ΔE_M/eV	耦　合	μ_{TM}/μ_B	μ_{tot}/μ_B
Cr	I (0, 1)	0.000	0.142	FM	2.785/2.785	6.00
	II (0, 2)	0.155	0.006	FM	2.785/2.786	6.00
Mn	I (0, 1)	0.000	0.475	FM	3.529/3.529	8.00
	II (0, 2)	0.219	0.023	FM	3.527/3.529	8.00
Fe	I (0, 1)	0.000	-0.291	AFM	3.806/-3.806	0.00
	II (0, 2)	0.172	-0.004	AFM	3.804/-3.804	0.00
Co	I (0, 1)	0.000	-0.718	AFM	2.630/-2.630	0.00
	II (0, 2)	0.573	0.007	FM	2.632/2.633	8.00
Ni	I (0, 1)	0.000	0.296	FM	1.594/1.594	6.00
	II (0, 2)	0.194	0.080	FM	1.596/1.595	6.00

为了调查电子关联效应对电子和磁性产生的影响，我们对过渡金属 3d 轨道采用 GGA+U 计算，并且 U 的范围为 0~6eV 来描述强的电子与电子关联。我们计算显示对五种掺杂系统从 GGA 获得的总磁矩和局域磁矩与 GGA+U 获得的磁矩相同。如图 6-10 所示为过渡金属掺杂系统对不同 U 值的带隙变化。对于 Cr、Fe、Co 和 Ni 掺杂 GaN 纳米片，我们能从图 6-10

（a）中观察到带隙在自旋向上通道随 U 值单调递增，然后再 $U=5\sim6eV$ 附近趋于饱和，然而对 Mn 掺杂其带隙在 $U=0\sim6eV$ 范围内保持带隙恒为零。这种类似的特征也能被发现在自旋向下通道[图 6-10（b）]。因此，对 $3d$ 过渡金属掺杂 GaN 纳米片而言，从 GGA+U 获得的结果几乎类似 GGA 计算得到的值。

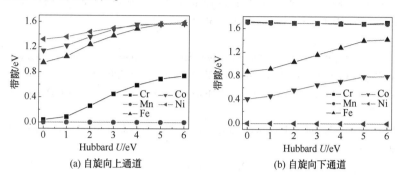

图 6-10　Cr、Mn、Fe、Co 和 Ni 掺杂 GaN 纳米片的自旋向上通道和自旋向下通道带隙随 U 值变化曲线图

6.6　小　　结

采用基于自旋极化密度泛函理论的第一性原理投影缀加平面波方法，研究了五种不同 $3d$ 过渡金属原子（Cr、Mn、Fe、Co 和 Ni）吸附 GaN 单层纳米片的结构稳定性、电子特性和磁性。本章中研究的五种不同过渡金属原子吸附，每种过渡金属吸附系统都获得三种稳定结构。最稳定的吸附位置是在氮原子的正上方位置。由于过渡金属原子和 GaN 单层纳米片之间相对强的相互作用，结构优化表明过渡金属的吸附导致了晶格的形变，形成的 TM—N 键存在一个共价化学结合特性。吸附系统的总态密度图表明，过渡金属吸附诱导的杂质态出现在纯的 GaN 单层纳米片的带隙中。除 Ni 吸附系统外，所有的吸附系统显示出自旋极化的性质。吸附系统的磁矩主要集中在过渡金属原子和吸附位置的最近邻氮原子上。通过吸附不同过渡金属原子，GaN 单层纳米片能存在各种电子和磁学特性，例如自旋无带隙半导体（Cu 吸附），半金属（Co 吸附），磁性金属（Fe 吸附）。研究结果表明，GaN 单层纳米片性质通过过渡金属原子吸附能被有效地调制，过渡金属吸附 GaN 单层纳米片作为一种潜在的材料能够在纳电子学和自旋电子学等领域有所应用。

参 考 文 献

1　Baibich M N, Broto J M, Fert A, et al. Giant Magnetoresistance of（001）Fe/（001）Cr Magnetic Superlattices [J]. Phys. Rev. Lett. , 1988, 61(21)：2472~2476.

2　Wolf S A, Awschalom D D, Buhrman R A, et al. Spintronics：A Spin-Based Electronics Vision for the Future [J]. Science, 2001, 294(16)：1488~1495.

3　De Groot R A, Mueller F M, Van Engen P G, et al. New Class of Materials：Half-Metallic Ferromagnets [J]. Phys. Rev. Lett. , 1983, 50(25)：2024~2027.

4　Zhu H J, Ramsteiner M, Kostial H, et al. Room-Temperature Spin Injection from Fe into GaAs [J]. Phys. Rev. Lett. , 2001, 87(1)：016601-4.

5　Yang M, Cao C H, Zhang S Y, et al. Injection Efficiency of Spin-Polarized Quasiparticles in Y-Ba-Cu-O Thin Film [J]. Chin. Phys. Lett. , 2003, 20(10)：1848~1851.

6　Schmidt G, Ferrand D, Molenkamp L W, et al. Fundamental Obstacle for Electrical Spin Injection from a Ferro-magnetic Metal into a Diffusive Semiconductor [J]. Phys. Rev. B, 2000, 62(8): R4790~R4793.

7　Schmidt G, Molenkarnp L W. Spin Injection into Semiconductors, Physics and Experiments [J]. Semicond. Sci. Technol., 2002, 17: 310~320.

8　Koshihara S, Oiwa A, Hirasawa M, et al. Ferromagnetic Order Induced by Photogenerated Carriers in Magnetic Ⅲ−Ⅴ Semiconductor Heterostructures of (In, Mn) As/GaSb [J]. Phys. Rev. Lett., 1997, 78 (24): 4617~4620.

9　Kulatov E, Nakayama H, Mariette H, et al. Electronic Structure, Magnetic Ordering, and Optical Properties of GaN and GaAs Doped with Mn [J]. Phys. Rev. B, 2002, 66(4): 045203−9.

10　Fong C Y, Gubanov V A, Boekema C. Iron and Manganese Doped Zinc−Blende GaN [J]. J. Electron Mater, 2000, 29: 1067~1073.

11　Sanyal B, Bengone O, Mirbit S. Electronic Structure and Magnetism of Mn−doped GaN [J]. Phys. Rev. B, 2003, 68(20): 205210−7.

12　Cui X Y, Delley B, Freeman A J, et al. Magnetic Metastability in Tetrahedrally Bonded Magnetic Ⅲ−Nitride Semiconductors [J]. Phys. Rev. Lett., 2006, 97(1): 016402−4.

13　Kronik L, Jain M, Chelikowsky J R. Electronic Structure and Spin Polarization of $Mn_xGa_{1-x}N$ [J]. Phys. Rev. B, 2002, 66(4): 041203(R)−4.

14　Ogawa T, Shirai M, Suzuki N, et al. First−Principles Calculations of Electronic Structures of Diluted Magnetic Semiconductors(Ga, Mn)As [J]. J. Magn. Mater., 1999, 196: 428~429.

15　Weng H M, Yang X P, Dong J M, et al. Electronic Structure and Optical Properties of the Co−Doped Anatase TiO_2 Studied from First Principles [J]. Phys. Rev. B, 2004, 69(12): 125219−6.

16　Hong J, Wu R Q. Magnetic Ordering and X−Ray magnetic Circular Dichroism of Co Doped ZnO [J]. J. Appl. Phys., 2005, 97: 063911−5.

17　Picozzi S, Shishidou T, Freeman A J, et al. First−Principles Prediction of Half−Metallic Ferromagnetic Semi-conductors: V− and Cr−Doped BeTe [J]. Phys. Rev. B, 2003, 67(16): 165203−6.

18　Dietl T, Ohno H, Matsukura F, et al. Zener Model Description of Ferromagnetism in Zinc−Blende Magnetic Semiconductors [J]. Science, 2000, 287: 1019~1022.

19　Overberg M E, Abernathy C R. Indication of Ferromagnetism in Molecular Beam Epitaxy Derived N−Type GaMnN [J]. Appl. Phys. Lett., 2001, 79: 1312~1314.

20　Takahiko Sasaki, Saki Sonoda, Yoshiyuki Yamamoto, et al. Magnetic and Transport Characteristics on High Curie Temperature Ferromagnet of Mn−Doped GaN [J]. J. Appl. Phys., 2002, 91: 7911~7913.

21　Liu H X, Wu Stephen Y. Observation of Ferromagnetism above 900 K in Cr−GaN and Cr−AlN [J]. Appl. Phys. Lett., 2004, 85(18): 4076~4078.

22　Wu R Q, Peng G W, Liu L, et al. Cu−Doped GaN: A Dilute Magnetic Semiconductor from First−Principles Study [J]. Appl. Phys. Lett., 2006, 89(6): 062505−3.

23　Lee S C, Lee K R, Lee K H. Electronic Structures and Valence Band Splittings of Transition Metals Doped GaN [J]. J Magn Magn Mater, 2007, 310(2): e732~e734.

24　Reed M L, Riturms M K, Stadelmaier H H, et al. Room Temperature Magnetic(Ga, Mn)N: a New Material for Spin Electronic Devices [J]. Mater Lett, 2001, 51(6): 500~503.

25　Hidenobu H, Saki S, Takahiko S, et al. High−TC Ferromagnetism in Diluted Magnetic Semiconducting GaN: Mn Films [J]. Physica B, 2002, 324(1~4): 142~150.

26　Lee J S, Lim J D, Khim Z G, et al. Magnetic and Structural Properties of Co, Cr, V Ion−Implanted GaN [J]. J. Appl. Phys., 2003, 93(8): 4512~4516.

27　Park S E, Lee H J, Cho Y C, et al. Room−Temperature Ferromagnetism in Cr−Doped GaN Single Crystals [J]. Appl. Phys. Lett., 2002, 80(22): 4187~4189.

28　Zhou Y K, Hashimoto M, Kanamura M, et al. Room Temperature Ferromagnetism in Ⅲ－Ⅴ－Based Diluted Magnetic Semiconductor GaCrN Grown by ECR Molecular－Beam Epitaxy［J］. J Supercond: Incorporating Novel Magnetism, 2003, 16(1): 37~40.

29　Huang R T, Hsu C F, Kai J J, et al. Room－Temperature Diluted Magnetic Semiconductors p－(Ga, Ni)N ［J］. Appl. Phys. Lett., 2005, 87(20): 202507-3.

30　Lee J H, Choi I H, Shin S, et al. Room－Temperature Ferromagnetism of Cu－Implanted GaN［J］. Appl. Phys. Lett., 2007, 90(3): 032504-3.

31　Schmidt T M, Miwa R H, Fazzio A. Ferromagnetic Coupling in a Co－Doped Graphenelike ZnO Sheet［J］. Phys. Rev. B, 2010, 81(19): 195413.

32　Shi C, Qin H, Zhang Y, et al. Magnetic Properties of Transition Metal Doped AlN Nanosheet: First－Principle Studies［J］. J. Appl. Phys., 2014, 115(5): 053907.

33　Wu P, Cao G, Tang F, et al. Electronic and Magnetic Properties of Transition Metal Doped MgO Sheet: A Density－Functional Study［J］. Comput. Mater. Sci., 2014, 86: 180~185.

34　Cheng Y C, Zhu Z Y, Mi W B, et al. Prediction of Two－Dimensional Diluted Magnetic Semiconductors: Doped Monolayer MoS 2 Systems［J］. Phys. Rev. B, 2013, 87(10): 100401.

35　Kohn W, Sham L J. Self－Consistent Equations Including Exchange and Correlation Effects［J］. Phys. Rev., 1965, 140(4A): A1133~A1138.

36　Kresse G, Joubert D. From Ultrasoft Pseudopotentials to the Projector Augmented－Wave Method［J］. Phys. Rev. B, 1999, 59(3): 1758~1775.

37　Kresse G, Hafner J. Ab Initio Molecular Dynamics for Liquid Metal［J］. Phys. Rev. B, 1993, 47(1): 558~561.

38　Kresse G, Furthmuler J. Efficient Iterative Schemes for Ab Initio Total－Energy Calculations Using a Plane－Wave Basis Set［J］. Phys. Rev. B, 1996, 54(16): 11169~11186.

39　Kresse G, Furthmuler J. Efficient of Ab Initio Total－Energy Calculations for Metals and Semiconductors Using a Plane－Wave Basis Set［J］. Comput. Mater. Sci., 1996, 6(1): 15~50.

40　Kresse G, Hafner J. Ab Inition Molecular－Dynamics Simulation of the Liqiud－Metla－Amorphous－Semiconductor Transition in Germanium［J］. Phys. Rev. B, 1994, 49(20): 14251~14269.

41　Böchl P E. Projector Augmented－Wave Method［J］. Phys. Rev. B, 1994, 50(24): 17953~17979.

42　Kresse G, Joubert D. From Ultrasoft Pseudopotentials to the Projector Augmented－Wave Method［J］. Phys. Rev. B, 1999, 59(3): 1758~1775.

43　Perdew J P, Burke K, Ernzerhof M. Generalized Gradient Approximation Made Simple［J］. Phys. Rev. Lett., 1996, 77(18): 3865~3868.

44　Monkhorst H J, Pack J D. Special Points for Brillouin－Zone Integrations［J］. Phys. Rev. B, 1976, 13(12): 5188~5192.

45　Methfessel M, Paxton A T. High－Precision Sampling for Brillouin－Zone Integration in Metals［J］. Phys. Rev. B, 1989, 40(6): 3616~3621.

46　Henkelman G, Arnaldsson A, Jnsson H. A Fast and Robust Algorithm for Bader Decomposition of Charge Density［J］. Comput. Mater. Sci., 2006, 36(3): 354~360.

47　Li X G, Fry J N, Cheng H P. Single－Molecule Magnet Mn12 on Grapheme［J］. Phys. Rev. B, 2014, 90(12): 125447.

48　Anisimov V I, Zaanen J, Andersen O K. Band Theory and Mott Insulators: Hubbard U instead of Stoner I［J］. Phys. Rev. B, 1991, 44(3): 943.

第7章　二维 GaN/SiC 纳米片：
界面电子和磁学特性以及电场响应

7.1　引　言

自从石墨烯发现以来，二维(Two-Dimensional)半导体材料由于其新颖的性质和在现代纳米技术领域的潜在应用而引起了广泛关注。这些研究表明，与其对应的体相比较，具有原子尺度厚度的二维半导体被赋予极好的电、热和机械性能，这很可能为半导体纳米材料科学带来新的突破。其中，Ⅲ-Ⅴ族半导体，尤其是包括六方氮化硼(h-BN)、氮化铝(AlN)、氮化镓(GaN)等的氮化物，由于其广泛地应用于光电子学、耐高温和大功率设备中而具有很好的性质。对于第Ⅲ族氮化物，GaN 已经在实验和理论上被广泛地调查了。GaN 是宽的直接带隙半导体(在室温下为 3.4eV)，是用于制造有效短波长(蓝色和紫外)发光二极管(Light-Emitting Diodes)和室温激光二极管的理想材料。

近些年来，已经完成了一些准一维(Quasi One-Dimensional)GaN 纳米结构例如纳米线、纳米管和纳米螺旋的合成。这些新颖的系统在制造宽频谱 LEDs 和其他纳米尺度器件方面具有巨大的潜力。Freeman 等人预测，当 GaN 和碳化硅(SiC)纳米片为超薄薄膜的形式时，其转变为二维平面类石墨烯的结构。理论研究表明，GaN 和 SiC 单层片可以形成二维稳定的纳米结构。最近，Lin 通过在溶解状态中的机械剥离方法制造了厚度低至 0.5~1.5nm 的超薄石墨 SiC 纳米片。此外，Liu 等人已经表明，平面石墨烯/h-BN 异质结构可以通过在光刻图案化 h-BN 原子层中生长石墨烯来形成。基于这些发展，由于 GaN 和 SiC 两种材料之间的低晶格失配(3.4%)，实验工作者可能在不久的将来制造出二维异质结构的 GaN/SiC 纳米片。到目前为止，理论工作主要集中在纯低维平面材料(体或带)如 GaN、AlN、SiC 和氧化锌(ZnO)等的电子性质。GaN/SiC 界面的电子性质，特别是它们的磁学性质和电场响应，仍然不清楚。因此，GaN/SiC 界面的研究是适时的、值得的。

7.2　计算方法

我们的计算是基于具有广义梯度修正的 Perdew-Burke-Ernzerhof(PBE)交换相关函数的密度泛函理论(Density-Functional Theory)。投影缀加波(Projector-Augmented Plane Wave)势已经被用于描述离子-电子相互作用，在 VASP 软件包中完成。每个 GaN/SiC 界面被模拟在一个具有 28 个原子并包含两个界面的超晶胞几何体内。真空层被设置为 15Å，以防止相邻超晶胞之间的相互作用。平面波基组的动能截止值设定为 500eV。布里渊区积分采用以 Gamma 为中心的 Monkhorst-Pack 方法，选取 1×11×1 的网格点。当每个原子最大受力小于 0.02eV/Å 时，且最后连续两步总能量收敛值小于 $1.0×10^{-5}$eV 时，结构优化停止。

为了计算对一个外电场的响应，我们使用了在 QUANTUM ESPRESSO 软件包中实现的有效屏蔽介质(Effective Screening Medium)方法。为了在垂直于界面的方向上施加电场，我们构造了具有真空–SiC/GaN/SiC–真空和真空–GaN/SiC/GaN–真空的结构的纳米带。纳米带的边缘已经被氢截止，以消除悬挂键的影响。穿过纳米带的电场被选择为 0.01V/Å。

7.3　GaN/SiC 异质结的几何结构和界面稳定性

在本章中，我们提出了 GaN/SiC 异质体系的几个界面原子结构。图 7-1 显示出了在 GaN/SiC 界面处具有不同原子排列的四种可能几何结构（表示为 Geo 1~4）。由于这些系统是平移不变的，每个排列具有两个不同的 GaN/SiC 界面。我们从 I ~ Ⅷ 标注八个界面。纯的 GaN 和 SiC 单层纳米片所计算出的键长分别是 1.85Å 和 1.79Å，与以前报道的值是一致的。纯的 GaN 单层纳米片是具有 D_{3h} 对称性的平面非极性二维六方原子厚度薄膜。我们选择了足够宽的 GaN 或 SiC 单层，以确保两个界面之间的磁耦合可以忽略。结构优化已经完成用来研究界面周围的原子结构形变。在每个界面处，两个最近邻原子之间的优化键长列在表 7-1 中。我们可以看到在八个不同的界面处的原子键长是不同于 Ga–N 和 Si–C 键长的，这就表明了界面周围的结构形变是存在的。我们沿着界面方向已经做了两倍于晶胞大小的额外计算，我们并没有找到类 Peierls 形变的证据。我们还分析了沿着界面方向的自旋构型。测试结果表明铁磁态（FM）是基态。因此，一个周期单元的晶胞作为计算超晶胞足以确保合理的计算结果。

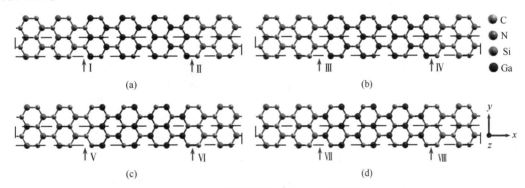

图 7-1　四种不同几何结构的俯视图

注：在 GaN/SiC 界面处具有不同的原子排列被表示为 Geo 1~4。每个几何结构具有两个 GaN/SiC 界面，由 I 到 Ⅷ 表示。虚线矩形表示所研究系统的计算超晶胞。箭头表示界面位置。

为了调查 GaN/SiC 界面的稳定性，我们计算了八个不同界面的结合能，其值列在表 7-1 中。界面的结合能被定义为沿着界面切割几何结构而没有松弛所需的能量。计算出的结合能范围为 2.54~6.14eV，这就表明了所有的界面都是稳定的，界面 V 是最稳定的一个。

表 7-1　八种不同的界面几何结构

界面	I	Ⅱ	Ⅲ	Ⅳ	Ⅴ	Ⅵ	Ⅶ	Ⅷ
界面结构	C–Ga / Ga	Ga—C	Si—N	Ga—C	C–N / N	C—N	Ga—Si	C—N
键长	1.91	1.95	1.70	1.93	1.70	1.44	2.37	1.44
结合能	4.98	3.63	4.97	3.75	6.14	4.48	2.54	4.45

注：界面处的键长以 Å 为单位（两个最近邻原子之间的距离），结合能以 eV 为单位。

7.4 GaN/SiC 界面的电子性质

为了进一步了解 GaN/SiC 界面的电子性质，我们画了所有几何结构沿着周期性 k_y 方向的电子能带结构(图7-2)。为了进行比较，纯 GaN 和 SiC 单层纳米片的能带结构也被显示在图7-2中。在所有的图中，红色和蓝色虚线分别代表自旋向上带和自旋向下带。标记 Γ 和 X 分别表示超晶胞(0，0，0)和(0，0.5，0)第一布里渊区中的两个高度对称的点。我们在图7-2中观察到两个主要的特征，首先，对于所有的四个几何结构，尽管 GaN 和 SiC 单层纳米片都是宽带隙半导体[图7-2(a)和图7-2(b)]，但对四种结构都存在能带穿过费米能级，这就表明了这些结构都具有金属特性[图7-2(c)~图7-2(f)]。其次，在几何结构1、2和4中，非简并自旋向上带和自旋向下带穿过费米能级导致了一个净磁矩[图7-2(c)、图7-2(d)和图7-2(f)]。穿过费米能级的带数不相等，这意味着系统可能具有自选相关的传输性质。相比之下，GaN 单层、SiC 单层和几何结构3的自旋向上带和自旋向下带都完全退化了，这就导致了总磁化强度为零[图7-2(a)、图7-2(b)和图7-2(c)]。我们的计算对界面 I ~ VIII 分别预测了总磁矩为 $0.51\mu_B$、$0.32\mu_B$、$0.00\mu_B$、$0.11\mu_B$、$0.00\mu_B$、$0.00\mu_B$、$0.22\mu_B$ 和 $0.00\mu_B$。

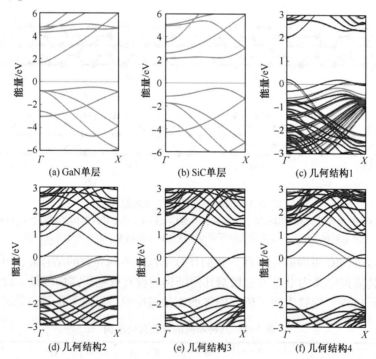

图 7-2 GaN 单层；SiC 单层；几何结构 1；几何结构 2；几何结构 3 和
几何结构 4 沿着周期性的 k_y 方向的能带结构

注：虚线和实线分别代表自旋向上带和自旋向下带。费米能级被设置为零并由水平实线标示。

关于界面的金属性质，我们在 Γ 和 X 对称点处绘制了穿过费米能级的能带分解电荷密度(Band-Decomposed Charge Densities)。能带分解电荷密度被定义为 $\rho_{n,k\sigma}(r) = |\psi_{n,k\sigma}(r)|^2$，其中 n 是带指数，k 是在第一布里渊区内，σ 是自旋指数，$\rho_{n,k\sigma}(r)$ 和 $\psi_{n,k\sigma}(r)$ 分别是电子电

荷密度和波函数。以几何结构1为例(图7-3)，我们发现这些带主要由界面碳原子贡献。另外，我们的分析表明，Γ点处的能带分解电荷密度是来自于界面Ⅰ处的碳原子的p_y轨道(图7-3左界面)，然而在X点处，它是来自于界面Ⅱ处的碳原子p_z轨道(图7-3右界面)。我们注意到p_z是垂直于界面方向的，其应该是更加的局部化；然而p_y是沿着界面方向的，其应该是更导电的。这就解释了为什么在X点处穿过费米能级的能带比在Γ点处的更加平坦了[图7-2(c)]。进一步分析证明其他三种几何结构的界面Ⅲ~Ⅷ也是金属的。

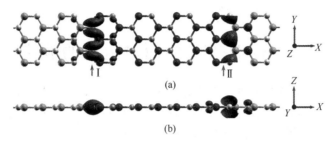

图7-3　对于几何结构1，在Γ点(左界面)和X点(右界面)处穿过费米能级的能带分解电荷密度

注：等值面值为$0.02e/Å^3$。图7-3(a)是俯视图而图7-3(b)是侧视图。

只有自旋向上被展示出了；自旋向下表现出了类似的行为。

7.5　GaN/SiC界面的磁学特性

我们接下来详细地研究不同界面的磁学性质。借助于已有的知识，穿过费米能级的能带主要由界面原子贡献，我们可以得出结论，磁矩也应该集中在界面原子上。在图7-2(c)、图7-2(d)和图7-2(f)中，我们可以看到费米能级周围的能带是平坦的，能带分解电荷密度分析显示这些平带主要由来自包含Ga离子的界面贡献。对于包含N离子的界面，在费米能级周围没有观察到平带[图7-2(e)]。由于Stoner不稳定性，所以来自平带费米能级处的相应高态密度暗示了可能的磁序。在图7-4中，对四种几何结构，我们采用Bader方法绘制原子上的磁矩作为原子位置的函数。的确，在界面附近发现了大的磁矩。特别是，对于几何结构1，由于穿过费米能级的能带主要来自界面的碳原子，磁矩集中在界面碳原子上，这就得到了总共$0.83\mu_B$的$0.55\mu_B$。剩下的磁矩来自相邻的原子，但是随着到界面碳原子距离的增

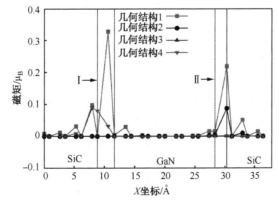

图7-4　磁矩的变化作为四种几何结构原子位置的函数

加，它们的贡献衰减震荡地非常快（图7-4）。对于其他三个几何结构，我们有类似的情况，但是磁化与几何结构1相比是更小的。一般来说，两个界面之间有相同的几何结构，磁性配置可以是铁磁的（FM），也可以是反铁磁的（AFM）。计算出的FM和AFM态的总能量几乎相同，这就表明了在这两个界面之间没有磁耦合。当我们沿着界面方向的单位晶胞双倍来形成新的超晶胞时，在每个界面处的这两个单位晶胞的磁性配置既是FM又是AFM。把几何结构1的界面I当作例子，我们的计算表明，FM状态是基态，与AFM状态相比，总能量降低了41meV，这更进一步证实了在该界面处磁化的存在。

7.6 GaN/SiC 界面对电场的响应

为了研究纳米片内电场在垂直于界面方向上的影响，我们在具有相同宽度的 GaN/SiC/GaN 和 SiC/GaN/SiC 纳米带上进行了有效屏蔽介质（Effective Screening Medium）计算。我们在图7-5中展示了有电场和无电场时电荷密度差（$\Delta\rho$）。为了比较，我们还观察了 SiC 和 GaN 纳米带。在 $\Delta\rho$ 中穿过 GaN 纳米带的振荡振幅几乎是一致的[图7-5(a)上插图]，这就表明了其边缘状态对于电场是惰性的。相比之下，SiC 纳米带 $\Delta\rho$ 的振幅[图7-5(b)上插图]在边缘处增强了，但是在内部显著地减少了，这就意味着施加电场被 SiC 纳米带的锯齿型边缘上的金属状态强烈地屏蔽了。对于 GaN/SiC/GaN 纳米带，SiC 内部的 $\Delta\rho$ 的振幅相对于 GaN 内部也被大幅地减少了[图7-5(a)下插图]，这就表明了 SiC 内部的电场被 GaN/SiC 界面强烈地屏蔽了。由于 GaN/SiC/GaN 纳米带[图7-5(a)下插图]的 SiC 内部的 $\Delta\rho$ 的振幅与 SiC 纳米带的振幅相当[图7-5(b)上插图]，所以 GaN/SiC 界面对于 SiC 的锯齿型边缘显示了相似的屏蔽能力。对于 SiC/GaN/SiC 纳米带[图7-5(b)下插图]GaN 内部的 $\Delta\rho$ 的振幅几乎消失了，因为电场被 SiC 的锯齿型边缘和 GaN/SiC 界面双重地屏蔽了。

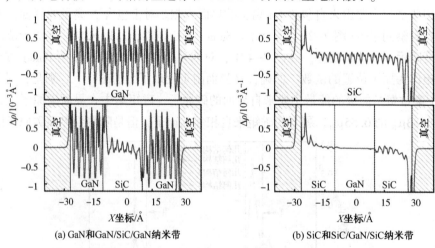

(a) GaN和GaN/SiC/GaN纳米带　　　　(b) SiC和SiC/GaN/SiC纳米带

图 7-5　外加 0.01V/Å 电场诱发 GaN 和 GaN/SiC/GaN 纳米带和 SiC
和 SiC/GaN/SiC 纳米带中电荷密度的变化

7.7 小　　结

我们使用第一性原理计算研究了二维 GaN/SiC 单层界面的电子结构、磁学性质以及电场响应。四种可能的原子排列结构被调查，研究结果表明相对于纯的 GaN 和 SiC 单层纳米片，界面处的结构发生了重构。从能带结构分析，具有八个不同界面形状的所有四种几何结构显示出一个迷人的准一维导体特性。四个几何结构中的三个显示了有限非零磁矩。这三种几何结构中的界面可以携带自旋极化电流，主要由接近 GaN/SiC 界面的原子贡献。我们从能带分解电荷密度计算中已经确定了导带的轨道特性。最后，我们通过施加电场来验证这些界面的金属性。这些界面特性能应用于未来的电子学和自旋电子学等领域中。

参 考 文 献

1　Novoselov K S, Geim A K, Morozov S, et al. Electric Field Effect in Atomically Thin Carbon Films [J]. Science, 2004, 306: 666~669.

2　Xia C, Peng Y, Wei S, et al. The Feasibility of Tunable P-Type Mg Doping in a GaN Monolayer Nanosheet [J]. Acta Mater. , 2013, 61: 7720~7725.

3　Golberg D, Bando Y, Huang Y, et al. Boron Nitride Nanotubes and Nanosheets [J]. Acs Nano, 2010, 4(6): 2979~2993.

4　Lee Y, Zhang X Q, Zhang W, et al. Synthesis of Large-Area MoS_2 Atomic Layers with Chemical Vapor Deposition [J]. Adv Mater. , 2012, 24: 2320~2325.

5　Wei R, Hu J, Zhou T, et al. Ultrathin SnS_2 Nanosheets with Exposed {001} Facets and Enhanced Photocatalytic Properties [J]. Acta Mater. , 2014, 66: 163~171.

6　Tsipas P, Kassavetis S, Tsoutsou D, et al. Evidence for Graphite-Like Hexagonal AlN Nanosheets Epitaxially Grown on Single Crystal Ag(111) [J]. Appl. hys. Lett. , 2013, 103(25): 251605.

7　Ponce F A, Bour D J. Nitride-Based Semiconductors for Blue and Green Light-Emitting Devices [J]. Nature, 1997, 386(9): 351~359.

8　Morkoç H, Strite S, Gao G B, et al. Large-Band-Gap SiC, Ⅲ-Ⅴ Nitride, and Ⅱ-Ⅳ ZnSe-Based Semiconductor Device Technologies [J]. J. Appl. Phys. , 1994, 76: 1363.

9　Heying B, Averbeck R, Chen L F, et al. Control of GaN Surface Morphologies Using Plasma-Assisted Molecular Beam Epitaxy [J]. J. Appl. Phys. , 2000, 88(4): 1855~1860.

10　Mula G, Adelmann C, Moehl S, et al. Surfactant Effect of Gallium During Molecular-Beam Epitaxy of GaN on AlN(0001) [J]. Phys. Rev. B, 2001, 64(19): 195406.

11　Chen Q, Hu H, Chen X J, et al. Tailoring Band Gap in GaN Sheet by Chemical Modification and Electric Field: Ab Initio Calculations [J]. Appl. Phys. Lett. , 2011, 98(5): 053102.

12　Chen G X, Wang D D, Zhang J M, et al. Structural, Electronic, and Magnetic Properties of the Period Vacancy in Zigzag GaN Nanoribbons [J]. Phys. Status Solidi B, 2013, 250(8): 1510~1518.

13　Nakamura S, Mukai T, Senoh M. Candela-Class High-Brightness InGaN/AlGaN Double-Heterostructure Blue-Light-Emitting Diodes [J]. Appl. Phys. Lett. , 1994, 64(13): 1687~1689.

14　Nakamura S. The Roles of Structural Imperfections in InGaN-Based Blue Light-Emitting Diodes and Laser Diodes [J]. Science, 1998, 281(5379): 956~961.

15　Kuykendall T, Ulrich P, Aloni S, et al. Complete Composition Tunability of Ingan Nanowires Using a Combinatorial Approach [J]. Nature mater. , 2007, 6(12): 951~956.

16　Goldberger J, He R, Zhang Y, et al. Single-Crystal Gallium Nitride Nanotubes [J]. Nature, 2003, 422(29): 599~602.

17　Park C Y, Lim J M, Yu J S, et al. Structural and Antireflective Characteristics of Catalyst-Free GaN Nanostructures on GaN/Sapphire Template for Solar Cell Applications [J]. Appl. Phys. Lett. , 2010, 96

（15）：151909.

18　Freeman C L, Claeyssens F, Allan N L, et al. Graphitic Nanofilms as Precursors to Wurtzite Films：Theory [J]. Phys. Rev. lett. , 2006, 96(6)：066102.

19　Şahin H, Cahangirov S, Topsakal M, et al. Monolayer Honeycomb Structures of Group-Ⅳ Elements and Ⅲ-Ⅴ Binary Compounds：First-Principles Calculations [J]. Phys. Rev. B, 2009, 80(15)：155453.

20　Lin S. Light-Emitting Two-Dimensional Ultrathin Silicon Carbide [J]. J. Phys. Chem. C, 2012, 116(6)：3951~3955.

21　Liu Z, Ma L L, Shi G, et al. In-Plane Heterostructures of Graphene and Hexagonal Boron nitride with Controlled Domain Sizes [J]. Nat. nanotech, 2013, 8：119~124.

22　Li H M, Dai J, Li J, et al. Electronic Structures and Magnetic Properties of GaN Sheets and Nanoribbons [J]. J. Phys. Chem. C, 2010, 114(26)：11390~11394.

23　Zhang C. First-Principles Study on Electronic Structures and Magnetic Properties of AlN Nanosheets and Nanoribbons [J]. J. Appl. Phys. , 2012, 111(4)：043702.

24　Sun L, Li Y F, Li Z Y, et al. Electronic Structures of SiC Nanoribbons [J]. J. Chem. Phys. , 2008, 129 (17)：174114.

25　Xu B, Yin J, Xia Y, et al. Ferromagnetic and Antiferromagnetic Properties of the Semihydrogenated SiC Sheet [J]. Appl. Phys. Lett. , 2010, 96(14)：143111.

26　Guo H, Zhao Y, Lu N, et al. Tunable Magnetism in a Nonmetal-Substituted ZnO Monolayer：a First-Principles Study [J]. J. Phys. Chem. C, 2012, 116(20)：11336~11342.

27　Perdew J P, Burke K, Ernzerhof M. Generalized Gradient Approximation Made Simple [J]. Phys. Rev lett. , 1996, 77：3865.

28　Kresse G, Joubert D. From Ultrasoft Pseudopotentials to the Projector Augmented-Wave Method [J]. Phys. Rev. B, 1999, 59(3)：1758~1775.

29　Kresse G, Furthmüller J. Efficiency of Ab-Initio Total Energy Calculations for Metals and Semiconductors Using a Plane-Wave Basis Set [J]. Comput. Mater. Sci. , 1996, 6(1)：15~50.

30　Kresse G, Furthmüller J. Efficient Iterative Schemes for Ab Initio Total-Energy Calculations Using a Plane-Wave Basis Set [J]. Phys. Rev. B, 1996, 54(16)：11169~11186.

31　Monkhorst H J, Pack J D. Special Points for Brillouin-Zone Integrations [J]. Phys. Rev. B, 1976, 13(12)：5188~5192.

32　Giannozzi P, Baroni S, Bonini N, et al. Quantum Espresso：a Modular and Open-Source Software Project for Quantum Simulations of Materials [J]. Journal of Phys.：Cond. Mat. , 2009, 21(39)：395502.

33　Otani M, Sugino O. First-Principles Calculations of Charged Surfaces and Interfaces：A Plane-Wave Nonrepeated Slab Approach [J]. Phys. Rev. B, 2006, 73(11)：115407.

34　Wang Y P, Cheng H P. First-Principles Simulations of a Graphene-Based Field-Effect Transistor [J]. Phys. Rev. B, 2015, 91(24)：245307.

35　Yu M, Jayanthi C S, Wu S Y. Geometric and Electronic Structures of Graphitic-Like and Tubular Silicon Carbides：Ab-Initio Studies [J]. Phys. Rev. B, 2010, 82(7)：075407.

36　Stoner E C. Ferromagnetism [J]. Rep. Prog. Phys. , 1947, 11(1)：43~112.

37　Henkelman G, Arnaldsson A, Jónsson H. A Fast and Robust Algorithm for Bader Decomposition of Charge Density [J]. Comput. Mater. Sci. , 2006, 36(3)：354~360.

38　Li X G, Chu I H, Zhang X G, et al. Electron Transport in Graphene/Graphene Side-Contact Junction by Plane-Wave Multiple-Scattering Method [J]. Phys. Rev. B, 2015, 91(19)：195442.

第8章 结 束 语

本书采用密度泛函框架下的第一性原理方法系统研究了填充 GaN 纳米管、缺陷和掺杂 GaN 纳米带、吸附和掺杂 GaN 单层纳米片、二维 GaN/SiC 纳米片的几何结构、稳定性、电子和磁学特性，主要有如下的成果：

（1）对于锯齿型方型结构的 $TMNW_4s$（Fe_4、Co_4 和 Ni_4）填充到扶手椅型（6，6）和（8，8）GaNNTs，计算出的形成能显示了填充到狭窄的（6，6）GaNNT 和广阔的（8，8）GaNNT 中的所有 $TMNW_4s$ 都是放热的。在费米能级附近的自旋向上和自旋向下间能带具有不对称性，即自旋向下比自旋向上有更多的能带跨越了费米能级，这就表明了自旋极化传输过程可以在这些 $TMNW_4@(n, n)$ 系统中实现。填充到狭窄的（6，6）和广阔的（8，8）GaNNTs 中的 $TMNW_4s$ 与相应的 $TMNW_4$ 有相似的电子性质和磁学性质。$TMNW_4@(8, 8)$ 系统的自旋极化率和磁矩比 $TMNW_4@(6, 6)$ 系统的更大，但是这两个结合系统的自旋极化率和磁矩比相应的自由 $TMNW_4$ 要小。$TMNW_4@(6, 6)$ 和 $TMNW_4@(8, 8)$ 都有的高自旋极化保证了它们迷人的特性，因此在自旋相关传输设备以及电子特性设备中得到广泛使用。

（2）GaNNRs 是非磁性的，N_z–ZGaNNRs 和 N_a–AGaNNRs 的能带结构相似，不同的是 N_z–ZGaNNRs 为间接带隙的半导体，而 N_a–AGaNNRs 是直接带隙半导体。N_z–ZGaNNRs 和 N_a–AGaNNRs 的带隙随着带宽的增加而逐渐减少，并靠近单层 GaN 片的渐进限制线，对于同样宽度的 ZGaNNRs 和 AGaNNRs，AGaNNRs 的带隙比 ZGaNNRs 的带隙要大。外加电场能够调谐 GaNNRs 的结构和电子特性，随着电场强度的增加，6-ZGaNNR 的带隙逐渐减少，并最终关闭在一个电场强度为 7.5eV/Å 的电场。对于 8-ZGaNNR 中不同位置的氮空位或镓空位，其空位形成能是正值，表明空位的形成过程是吸热的。而且在每一个对等的几何位置，氮空位的形成要比镓空位的形成容易。对于非边缘空位 V_N^i 或 V_{Ga}^i，一个 12 元环形成；对于边缘空位 V_N^j 或 V_{Ga}^j，一个开的 9 元环形成，但对于邻近边缘空位 V_N^i 或 V_{Ga}^j 一个 12 元环形成。氮空位周围的三个最近邻的镓原子有一个向内弛豫，然而对镓空位周围的三个最近邻的氮原子有一个向外弛豫。除了 V_N^4 空位缺陷系统是非磁性的外，对于 V_N^i 或 V_{Ga}^i（$i=1$，$i=4$ 和 $i=7$）空位缺陷系统，在费米能级附近的自旋向上和自旋向下是不对称的。对于 8-ZGaNNR 中的 V_N^i 空位，自旋向上带穿过费米能级，然而自旋向下带在费米能级周围有一个带隙，这意味着 V_N^i 空位缺陷的 8-ZGaNNR 表现出半金属性质并具有 100% 极化率。V_N^i（$i=1\sim7$）缺陷的 GaNNRs 系统的电子和磁学性质依赖于缺陷位置，然而对于 V_{Ga}^i（$i=1\sim7$）缺陷系统，它们的性质很少依赖于缺陷位置，且 V_{Ga}^i 空位缺陷 8-ZGaNNR 的磁矩要比 V_N^i 空位缺陷的磁矩大。对于 6-ZGaNNR 和 6-AGaNNR，由于 C—Ga（C—N）和 N—Ga 键之间的差异，当一个氮或镓原子被一个碳原子替换时，一个局域的结构变形可能发生。当一个碳原子替换一个氮原子，将导致轻微的局域膨胀，然而当一个碳原子替换一个镓原子，将导致大的局域收缩。碳原子首选替换边缘的 N1 或 Ga1 原子，然而最匹配的替换原子是镓原子尤其是 6-AGaNNR 中边缘的 Ga1 原子。当一个氮原子被碳原子替换时，体系存在大约 $0.65\mu_B$ 的磁矩，分析得到体系的磁矩主要来源于碳原子。

（3）对于六种不同 $3d$ 过渡金属原子（Cr、Mn、Fe、Co、Ni 和 Cu）吸附 GaN 单层纳米片的研究，每种过渡金属吸附系统都获得三种稳定结构。最稳定的吸附位置是在氮原子的正上方位置。由于过渡金属原子和 GaN 单层纳米片之间相对强的相互作用，结构优化表明过渡金属的吸附导致了晶格的形变，形成的 TM—N 键存在一个共价化学结合特性。吸附系统的总态密度图表明过渡金属吸附诱导的杂质态出现在纯的 GaN 单层纳米片的带隙中。除 Ni 吸附系统外，所有的吸附系统显示出自旋极化的性质。吸附系统的磁矩主要集中在过渡金属原子和吸附位置的最近邻氮原子上。通过吸附不同过渡金属原子，GaN 单层纳米片能存在各种电子和磁学特性，例如自旋无带隙半导体（Cu 吸附），半金属（Co 吸附），磁性金属（Fe 吸附）。研究结果表明，GaN 单层纳米片性质通过过渡金属原子吸附能被有效地调制，过渡金属吸附 GaN 单层纳米片作为一种潜在的材料能够在纳电子学和自旋电子学等领域有所应用。

（4）研究了五种不同 $3d$ 过渡金属原子（Cr、Mn、Fe、Co 和 Ni）吸附 GaN 单层纳米片，每种过渡金属吸附系统都获得三种稳定结构。最稳定的吸附位置是在氮原子的正上方位置。由于过渡金属原子和 GaN 单层纳米片之间相对强的相互作用，结构优化表明，过渡金属的吸附导致了晶格的形变，形成的 TM—N 键存在一个共价化学结合特性。吸附系统的总态密度图表明，过渡金属吸附诱导的杂质态出现在纯的 GaN 单层纳米片的带隙中。除 Ni 吸附系统外，所有的吸附系统显示出自旋极化的性质。吸附系统的磁矩主要集中在过渡金属原子和吸附位置的最近邻氮原子上。通过吸附不同过渡金属原子，GaN 单层纳米片能存在各种电子和磁学特性，例如自旋无带隙半导体（Cu 吸附），半金属（Co 吸附），磁性金属（Fe 吸附）。研究结果表明，GaN 单层纳米片性质通过过渡金属原子吸附能被有效地调制，过渡金属吸附 GaN 单层纳米片作为一种潜在的材料，能够在纳电子学和自旋电子学等领域中有所应用。

（5）对于二维 GaN/SiC 单层界面的电子结构、磁学性质以及电场响应，四种可能的原子排列结构被调查，研究结果表明，相对于纯的 GaN 和 SiC 单层纳米片，界面处的结构发生了重构。从能带结构分析，具有八个不同界面形状的所有四种几何结构显示出一个迷人的准一维导体特性。四个几何结构中的三个显示了有限非零磁矩。这三种几何结构中的界面可以携带自旋极化电流，主要由接近 GaN/SiC 界面的原子贡献。我们从能带分解电荷密度计算中已经确定了导带的轨道特性。最后，我们通过施加电场来验证这些界面的金属性。这些界面特性能应用于未来的电子学和自旋电子学等领域中。

笔者殷切期望本书的出版能为纳米材料学科的发展尽一份绵薄之力，也期望纳米材料科学取得更大、更多的应用成果。感谢各位读者的阅读。